U0196177

LOHAUS

乐 豪 斯

A Lifestyle of Health and Urban Sustainability

健康和城市可持续的生活哲学

Jason Inch

［加］殷 敬 棠　著

上海文化出版社

谨以此书献给来过乐豪斯（LOHAUS）的朋友和所有憧憬

健康与城市可持续发展的人们

前言

　　本书既关于一个建筑更关于一个概念。你很快就会明白其原因，此建筑与此概念拥有同一个名字——乐豪斯。书中所描绘的故事和活动主要都发生在我的居住国，也就是中国，但它们也与我的祖国加拿大息息相关。与此同时，也关系到我在这两国中间曾住过的地方 ——美国和日本，还有我所到过的世界各地。每到一处，我都会带回一些东西，有形的或无形的，或两者皆有。而这本书是我将要留下的。我愿读者你，能有所收获并为他人留下某个有待寻找答案的未知。

目录

序

　　这本书是关于一个故事，一段旅途，想要对我们居住的世界有所影响。许多旅途都是由一个人开始，一步一个脚印……

　　我是在 7 年前认识的 Jason，第一次和他交谈，他就和我聊了关于环境保护的话题，而那个时候我还从来没有听过"雾霾"这个词。那个时候，他的母亲刚刚去世，他从加拿大参加完葬礼回到上海，为我带来了一本书 《难以忽视的真相》（*An Inconvenient Truth*），这本书由美国前副总统艾伯特·戈尔（Al Gore）著，恰是这本书带来了震惊世界的影响，也同时带给了我环境保护的启蒙。

这本书的最后没有说到很多解决方案，有些带有思考方向的案例也是对于发达国家可行，对于中国的情况并不怎么适用。当时，我们在探讨的过程中，Jason 就已经分享了很多针对中国切实可行的解决方案。

他自小生活在加拿大的维多利亚，那里仍旧保留着原生态，环境美丽舒适，环保理念非常先进，处处可见清洁能源的使用。到了中国以后，他为霍尼韦尔工作了两年，研究了中国的环境问题。发现这里有着巨大的反差，许多美好不再看到……

但是 Jason 和其他的外国人不同，除了抱怨，更多的是想要做些事情来改变这一切。

于是这本书成了"改变"的一部分。

Jason 为我讲了许多他的研究，那个时候我从未想过这些事情。2008 年他写了第一本有关中国经济的书，书中提到了一种可能性 —— 中国会成为全世界污染最严重的国家，发展的不可持续是中国最严重的问题，但也是最大的机遇。

Jason 不是环境学家，也不会像那些公益组织那样去抗议，他想要告诉大家一些可行的解决方案，同时也想为企业争取更多的利益。

那个时候包括我在内，许多人都非常消极，如何来平衡生产与消耗，减少污染并保持经济的稳健增长？

在后来的五年内，他尝试去为这个"方法"进行可行性的展示。哪怕仅是一个人，都可以为社会，为自己做出改变。在他担任大学教师期间，他最喜欢为学生讲解有关"商务道德"的课程，因为他可以告诉学生们有什么生意可以做，以及那些在读工商管理硕士的商人们应该怎么做生意，不仅仅去做生意，同时也为了社会，为了家人，为了企业更好地去实现价值。他当时的想法，放到现在可以说是"CSR

（企业社会责任）"，但是那个时候的中国，没有什么人或者企业会去谈这些。2007年，正是市场热动，大家都在赚钱，没有人会想到，那个时候的一切会对今后有什么影响，会对我们每个人有什么影响，而在这短短的几年内，我们看到了中国巨大的变化。

同样在他2008年的书里，提到了中国更可持续的未来，中国已经是风能产业的领袖，但是可以做得更多！

中国是世界碳排放量最大的国家，因为发展，这些问题无法回避，中国将成为最受世界环境污染挑战的国家。

在他任教期间，有机会和来自世界各地的组织、机构讨论中国经济的发展和可能性，而他说得最多的仍是可持续发展的未来。当时书中的许多想法，是针对做生意的人、企业家们所提出的，他对话的许多对象也是商学院的学生和创业家们。当时我就在想，他的这个想法应该传播到更多的人群中，让更多人可以从中获利。所以我开始与他一起工作，收集资料。2012年，我们修订了在2008年出版的书，翻译成了中文，书名为《中国超级经济》，2014年由中央编译出版社出版。有了中文版便有了更多人开始了解这些概念。许多读者告诉我们，他们非常关注书中的一些中心思想，如"可持续的发展经济和想法"，书中提到的"新常态"这个概念在2014年5月由习主席在公开场合发言中提到。他们都提到了中国必须成长，但一定要是可持续的，有平衡的发展。中国是一个技术型的国家，但是需要更多的创新。2014年，李克强总理谈论到与污染的斗争的时候，同样也说雾霾战争是我们所有人的战争！

Jason很高兴他可以看到中国政府终于开始把可持续发展当作工作的重点。与许多人不同的是，Jason相信中国有能力成为世界最大的使用清洁能源的国家，而不再是污染最严重的国家。七年之后，我们终于看到这些情况开始改变，给了我们更多的信心。

在我们一起工作的期间，他曾告诉我，他对某些事情有些担忧，其他国家，像澳大利亚、加拿大、德国、日本等，不仅是国家想要改变，作为消费者的民众自己，也想要改变。他总是问我：为什么这么多中国人吸烟？为什么直到一万只死猪出现在黄浦江上，人们才开始考虑水质污染问题？为什么我们经常看到天是蓝的而 AQI 指数却是红的？为什么那么多人想要自己的车子？（在2014年出版的书里，他问：为什么中国会从自行车的王国成为汽车大国？）中国大城市的交通也是世界最糟糕的城市交通之一，而同时那些城市却有着世界上最发达的轨道交通系统。为什么中国的家庭用户不安装太阳能板在他们的屋顶呢？

我曾不解地与他争执，我们就是想要和你们的国家一样的富有，为什么不呢？于是他对我说了一些让我开始重新思考的话，"你知道吗，中国有超过3亿的人在吸烟，并且，每年有超过100万人死于肺癌；你知道中国有世界上最长的河流之一，但是人均用水量只有世界人均水平的四分之一；你知道在我2004年刚到上海的时候，我觉得多奇怪，天总是灰蒙蒙的，而我看天气预报的时候，总是听到'雾'，你觉得奇怪吗？中国竟然是雾最多的国家之一，在世界上？你有没有想过是什么样的雾那么厉害？"

我想，他是外国人，他一定不知道中国的真正的情况，我以为如果这些问题那么大，发生了那么久，新闻媒体一定会播出，一定会告诉我们事情的真相和严重性。所以我问他，你如何来证明？然后他开始一一向我证明……慢慢地，我开始了解到这些的确都是每天我们都在经历的，匆匆地发生，又匆匆地离开，似乎和我们离得那么远，我突然意识到，为什么自己不去仔细地思考一下呢？为什么不敢去直

我看着窗外灰蒙蒙的天，已不是过去的抱怨，而是更多的希望

视这些现实，而只是活在属于自己狭隘的似乎被保护着的世界里？

　　我发现，当然作为外国人的 Jason 不会像中国的历史学家们那么了解中国的文化和历史，不会像政治家们那样对中国的情况了如指掌，但是我也发现，作为中国人，我其实也并不知道很多事情。

　　也是在这几年，我协助他在各种组织、商学院、企业做演讲，但是我总觉得这些还不够。不久，我们接触了"扶轮社"，一个在全球有着一百万人参与的组织，一个致力于"服务"的组织。扶轮社在中国有着许多项目，同样在为中国偏远地区、基建落后的村落、贫困的人们服务。受到启发，Jason 开始研究"社会企业"，什么是社会企业？简单地说，社会企业就是通过商业手法运作，赚取利润用以贡献社会。它们所得的盈余用于扶助弱势社群、促进社区发展及社会企业本身的投资。它们重视社会价值，多于追求企业盈利最大化。我对他说，也许这是很好的方法，可以让更多人知道，有可能边做生意边对社会有

第一次正儿八经地坐在惬意的沙发上，为我们的努力留影

积极的影响。

几个月后，在 2013 年 6 月的时候，乐豪斯诞生了！他成为了中国真正意义上的社会型企业 —— 赚钱，并为社会作出积极的贡献。在后来一年半的时间里，Jason 做了很多试验：我们首先开始思考在一栋楼里工作的人们的空气质量问题，我们对 20 世纪 30 年代的老房子进行改造，把它改造为城市中能源最有效利用的房子。通过使用 LED、隔热隔音装置，以及三层玻璃窗等进行节能，我们还是上海市中心第一个太阳能联网的用户！

但是我们还想要做更多，于是我们开始组织各类活动，让社区更多的用户来了解这些技术。Jason 开始把这一年半我们做的事情写在书里，希望有人会因为它而改变！

这就是乐豪斯的开始。

就如 Jason 经常说的，有三件事非常重要：第一，改变一定是从个人开始，就像你和我一样；第二，可持续系统的解决方案会很复杂，是要把多重因素一起考虑到状态中去，从吃得健康到使用清洁能源，从大数据的统计到我们作为消费者做的每一个决定；第三，平衡是最重要的，我们如何进行平衡？我们如何让人们有更富有的生活但又不破坏生态环境，如何有更健康的生活但又不牺牲我们时间和快乐。这些都将在这本书里被提到。

最后，我们每一个人，什么时候开始改变？改变从你开始，从一步一个脚印开始。这些概念改变了我，给了我帮助，给了我更快乐、更健康的可持续生活，我相信也会帮到你们！

2015 年春，刘家绮

开篇介绍

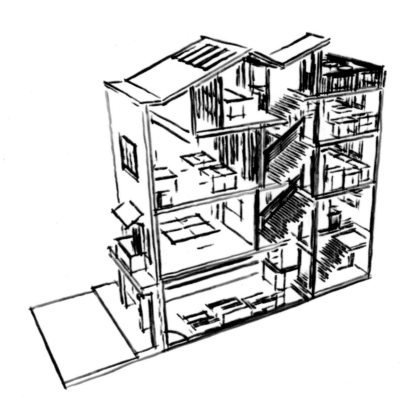

　　一个常常被我的合伙人、合作伙伴们以及员工所提到的问题就是——为什么我们要在上海市中心建立这栋健康和城市可持续发展的建筑？近来，这个问题逐渐演变成为：什么是我们要超越"乐豪斯"其物理建筑本身的属性，将它延伸至一种全球性的健康与城市可持续的生活倡议？

　　简而答之：我们关心。我们关心我们的家庭；我们关心我们的邻居；

我们关心与我们共同居住在这座城市中的所有人。事实上，我们关心与我们共同生存在这个地球上的每个人。我们甚至关心还未来到这个世界的下一代。这样看来，有相当多的人要去关心。超越善意去关心如此之多的人并非易事。这样说吧：我们关心读者你。不论你在哪，不论你是谁，这本书是为你而写的。

我们衷心希望你在读完本书后会明白：对你至关重要的方面，一种健康与城市可持续的生活方式意味着什么？关于健康和可持续发展，我们不会幻想和认为每件事都能四海皆准。永远不会。

我所写的仅仅是在"乐豪斯"，我们怎样去关心每个人，我们的家庭，我们的邻居，每个活在当下的人以及那些甚至还未出生的人。我似乎把某个人落下了，或者说是把"某些人"落下。我们关心我们自己，每时每刻怀着利他主义精神去关心他人，却从不考虑自身利益，对我们或者任何人来说是不太切合实际的。与此同时，我们也不想变得目中无人，自私自利。

结合两种对待生活截然相反的方式，得到了一种我称之为"同理心的利己"状态（兼顾自己利益的同时也设身处地为他人着想）。利他主义和愚昧无知会减少，但不会完全消失。生命从始至终，我们都会努力增加其中的一个并减少另一个。然而，让我们的世界变得更好的本质则是同理心的利己。

我相信影响你和你周围环境的任何一个积极改变必须符合两个条件：第一，它必须至少对另外一个人产生情感共鸣和积极意义。换句话说，它有潜力让其他人的生活更美好。第二，它必须让你自己的生活更美好。举个简单的例子：许多人相信素食是绝佳的选择，但如果因为切换到这种饮食模式而导致你疲惫憔悴、日渐消瘦，吃什么都感觉味同嚼蜡，难道一定要放弃自己的利益和喜好吗？我觉得不该这样。

　　前两个条件会得出一个必然结果。如果你仍然要选择或坚持一种别人都反对的行为，你当然有理由这么去做，但或许你可以找到一个更好的、不同的，或对他们产生较少负面影响的方式，我把这个称作"启发式决定"。放在一起就是"同理心和启发式的利己"。

　　比方说，你吸烟或抽雪茄，即使所有的科学研究都表明吸烟有害，社会也反对此行为，你至少可以远离他人去抽烟。如果你爱吃肉，请确保你的素食朋友在你的晚餐聚会上有足够的选择，否则他们可能再也不会登门。更好的做法可以是，为什么不在一周中的某一天体验一下素食者的感受呢？这是"利他"。明白了自己的支持和反对，知道食肉和茹素可以相互并存就是"启发"。想让它们化敌为友就是"利己"。

　　顺便说一下，考虑到许多赞成和反对的论断，也结合我自身的情况，我不是素食主义者。然而，我的确每周都会享受几顿美味的素食，每天吃两种或多种豆类，包括豆腐和豆奶，并一周至少尝试一次一天只吃蔬菜和豆制品。我的愿望是，一旦类似肉类蛋白的人造肉被广泛食用，我就会彻底放弃动物蛋白。此外，了解到生产一千克（2.2磅）牛肉所耗费的资源，它们可能在澳洲饲养然后再空运到中国，我就几乎不吃牛肉了，我更会选择吃本地猪肉或鸡肉。总的来说，我想将我所拥有的资源发挥其最大价值，并且努力做到更好。那就是我所期望的"启发性利他利己"。

　　所以，当说到一种健康与城市可持续的生活时，我们必须首先做出一个决定，我们要做点什么，不仅仅是因为我们想去帮助别人，同样也因为我们想有利于自己的生活。如果你不愿去做点什么，只是循循善诱地去说服别人，是不会有什么反响的。另外一方面，如果你全心全意不顾自己的利益去服务他人，你可能会由于缺乏动力而放弃你的善举。

我不奢望你读这本书之后认为，其中百分之百的想法对整个世界极其有益，并能完美地适合你并让自己决定跟随这些想法。不是这样。我反而希望你会有些自私，没错，足够自私地去做出一个仅适合你并对你自己有利的决定。首先去改变你生活中的某个方面。如果你连自己都不愿意去改变，那么就不要奢望其他人，不论是你的家人、朋友或更大的社区群体，会受到你的影响并跟随你的步伐。

乐豪斯来自何处？

第二个我们常被问到的问题就是"乐豪斯"这个名字从何而来？

乐豪斯（LOHAUS）是一连串英文首字母缩略词，其意思是"健康与城市可持续发展的现代生活方式"。LOHAUS 的 L 最先代表的是"Loft"——楼，也就是我们起初成立的社会企业所坐落的一栋多层建筑。这只是这个名字的字面部分。事实上，LOHAUS，作为一种生活方式的概念，灵感来源于两个不同的运动，它们在时间上相隔几十年——LOHAS（乐活）和 Bauhaus（包豪斯）。

LOHAS，代表健康和可持续的生活方式，很难追溯发起人是哪一位或具体的发起时间。最开始在 20 世纪 60 年代的美国和欧洲兴起，萌生于社会意识，随后渐渐发展为七八十年代的环境运动，并在 90 年代演变为了大众消费热潮，尤其受到了日本、新加坡和中国香港这样的亚洲国家和地区新生代富足消费者的拥戴。

另一个包豪斯运动是在 20 世纪 30 年代由德国的一个小团体发起的，旨在回答工业化和忽视人类建筑及设计需求的危害。

乐活的生活方式

我们当中不乏有很多想要过健康和可持续发展生活的人。对健康生活的描述绝大多数人应该都会赞成——那就是长寿、幸福、远离疾病困扰。但它也许还包括了更抽象的一些概念，诸如心理健康和精神健康，家庭和社区和谐。关于可持续发展，我们暂且先不谈论其定义，我会以其不同的呈现形式——环境的、经济的、社会的 —— 在接下来的介绍和整本书中谈论到。

乐活的实例

由于一系列原因，城市生活已经变成了发达世界的常态。城市化比率在大多数发达地区达到了 70% ～ 80%，在像新加坡这样的城市国家甚至更高。

我们把焦点集中在对城市生活的便捷和快捷性上，意味着我们不再像以前靠步行穿梭于各地的人们那样。取而代之的是我们乘坐汽车、地铁，骑车从一个地方到另一个地方，乘坐电梯上上下下。我们一整天坐在办公桌前盯着电脑。简而言之，我们自然活动的水平急剧下降，而非自然的静止状态水平相应成比例增长。

这种生活方式对整天与电脑打交道的工作者来说带来了各种各样新风险因素：重复性压力伤害（因为肉体过度劳累而造成的），包括腕管综合征、颈背疼痛、眼疲劳，以及更多的慢性病——从心脏病到糖尿病。在全世界，这个比率在经济最发达最富裕的地方偏高，尤其是白领工作者。如今，这些生活方式所带来的痛苦好比曾被称作国王病的痛风，因为这种病更容易侵袭食用高热量和大量肉类的人。我们目前久坐的生活方式加上饮食习惯使得这些问题变得越来越普遍。

在中国，所有这些问题在这个国家三十多年的经济发展中显得尤为突出。经济的发展使得中国跻身于全球经济大国的行列，并成为第二大经济强国，或者用我的话说是第二"大肚国"。

造成这种"大肚"结果的责任并不完全在于久坐这个习惯。我们仍然还在一日三餐地吃，只是我们吃的食物改变了。我们正在吃越来越多精细化加工生产的食品，这些食品所含的化学物质和碳水化合物（糖分）是前所未有地多。其中一个主要的罪魁祸首是：高果糖玉米糖浆。它美味至极，这就是为什么你能在商店里几乎每种加工食品中找到它的身影。

上班的时候，我们也许在公司食堂吃那些既能填饱肚子又经济实惠的便餐——意大利面、面包、米饭和其他谷类食物。

或者我们用有限的午餐休息时间匆匆忙忙地去吃那些卫生条件极差的小餐馆里早已准备好的食物，又或者去某些国际连锁快餐店食用那些过期肉，并搭配着满是化学成分的酱料和饮料。

通过更谨慎地购物和在家做饭以尝试控制我们的食物摄取也许都不管用。人们在商店里买来的或自己做的食物中仍含有农药、生长激素、抗生素等等。我们尝试通过吃更多的维生素、各种营养补充剂、药片、营养粉来弥补我们身体里缺乏的营养，正如我们都不用母乳而是用婴儿蛋白质配方来喂我们的宝宝。

十分简单，我们需要"乐活"让我们重返更健康的生活。

我们同样也需要"乐活"来创造一个更加可持续的世界。可持续性是什么意思？这取决于你是在谈论经济的可持续性，环境的可持续性还是别的某种可持续性。"乐活"主要关系到环境的多样化。

当谈到环境的可持续性时，我喜欢联想过去的童子军规定，就是当我们离开营地时，它要比我们找到它的时候更好。即使某个人把营地弄得一团糟，我们也必须自己清理好它然后再继续前进。不幸的是，几十年来我们一直从环境里索取却从未给它留下什么，除了垃圾。如今我们有很多乱糟糟的地方要去收拾。

我们应该考虑的种种问题当中的一个问题就是我们的碳排放量。如果你相信二氧化碳和甲烷，也就是我们所知道的温室气体，会在大气层中不断增加而造成全球变暖和海平面上升，从而导致接踵而来的人类前所未有的灾难，那么你应该关心你的碳排放量了。

这个二氧化碳或同等污染气体的排放量，就是由任意一个人类活动所产生的，排放到大气层中的二氧化碳或同等废气的量。驾驶一辆车，乘坐一架飞机，甚至是骑车，在某种程度上都会导致二氧化碳的排放。你会说自行车可不会消耗化石燃料，但如果你考虑一下，生产一辆自行车所需要的材料以及它的生产过程，或考虑一下这辆完工的自行车要长途跋涉，远渡重洋从工厂运到你买它的商店，这辆自行车当然就会有碳排放量。虽比不上一辆汽车在来到消费者面前所要耗费的材料和运输量，但是一辆小小的自行车它也是有碳排放量的。

说到这，我们再深入了解一下正二氧化碳排放，它的解释是相比你带走的二氧化碳，你将更多的二氧化碳排放到大气中。大多数人类活动都是这种类型，所以这其实一点儿也不积极。从环境的角度来说，它其实是一件很糟糕的事。碳中和意味着身体产生的二氧化碳和从大气中带走的二氧化碳有可能因为你买了碳信用额来抵消你的飞机行程或因为种的树使得两者达到了平衡。还有一种最好的情况，那是负二氧化碳排放的活动，此类活动所带走的二氧化碳比它们制造出来得多。所谓的碳封存技术，包括将大气中抽离的二氧化碳注射到地壳底下永久封存，是负碳进程。目前，这个理论多于实际。所以地球中温室气体浓度逐步攀升，并很有可能在可见的未来里持续下去。这样看来，不是那么具有可持续性。

为了达到环境的可持续发展，需要我们初步意识到任何东西都有成本。问题是，从传统意义上来看，许多成本都没有被算在这些人类的活动中。它们是隐性成本。或者用经济学家的话来说，是外部性。从这个星球的层面上来说，我们在进行一场零和博弈，所以每块钱的收益或损失都算数。毕竟只有一个地球。当然，有些人可能会指着月亮或其他星球说："看哪，那么多资源！"但是你能在月球上捕鱼吗？或在行星上发现干净的空气？

　　我对科技持乐观态度，就是说我相信我们终将找到解决问题的措施，比如在我们摧毁生物圈之前找到应对海洋过度捕捞的办法。即便现在利用漂网和海底拖网捕捞的方式为我们提供海产品，但这些捕捞本身听上去就让人胆战心惊。因此，作为一个乐观主义者，我把我的愿望与现实相结合，现实就是随着每个新技术的出现，伴随而来的也会有新问题。如果盲目以为科技会在某一天解决我们的所有问题，让这个世界变得更加美好，那就是科技乌托邦主义。一样不可取的还有路德派乌托邦主义（路德分子：强烈反对提高机械化和自动化者），或者说是回到简单生活的强烈愿望，抛弃所有机器，以为生活没有了它们会无限美好。当今世界，我们不能离开科技去生活。没有了现代医疗、农业、通信系统或任意一个我们目前依赖的技术，人口数量可能就会剧减。

与乐活相反的故事

　　人们以许多独特的方式追求过健康和可持续的生活，然而他们通常赞同一种更简单的生活。很难否定，一种更简单的生活在平衡人与自然方面有一定的吸引力。有例证表明这是亘古不变的愿望，我们可以去看看亨利·大卫·梭罗的文章，或者更早更为抽象的哲学，比方说道家思想和斯多葛哲学学派。所有这些都旨在倡导一种与人为善、与自然平衡的生活方式。

　　远离城市喧嚣，回归乡村田间去追求一种更简朴的世外桃源式的生活，如今已成为许多人追求的目标。当代的问题是：追求这种俭朴生活的理想，于某些人来说，开始替代了找出解决别人问题的实质性方法。这种从繁杂的城市生活中抽身而退，抛掉身后所有问题，回归简单生活的做法，结果却是忽视了其他人正经历的问题。这样的做法，换句话说，实际上是无知的自利，觉得你远离社会不会产生负面影响。可是，你还是需要社会提供的许多资源，但你却不能回馈什么让这个社会变得更好。

　　这看上去有点像在抨击，然而不是，这仅仅是事实。我确信只要人们在做一件事情的时候有同理心和启发性，他们就有权利做让自己开心的事情。在美国、加拿大、澳大利亚的乡村地区，我特别喜欢农民们的小摊和合作市场，零零散散地点缀在路边或高速公路边上。他们将新鲜的产品卖给当地人，或许自己也会偶尔品尝到从千里之外的大洲运来的食物。那些农民很享受他们的乡村生活，但他们并没有脱离社会。与这种生活方式形成对照的是一种更独立的乡村生活方式，这种生活方式渐渐地被称为"离网生活"。

　　有一种离网式生活就是不依赖电力或其他公共设施。这可能包括用小型风力涡轮机或太阳能板来自己发电，或者也可能意味着放弃所有带电设备。在极端的例子中，离网代表完全过着与世隔绝的生活。这可能包括远离陆地，就像鲁滨孙那样，不同的是当代的鲁滨孙们是有意置身荒岛而没有重返意愿。不那么激进的离网生活方式包括在远离城市的偏远农村生活，被家禽和菜地包围，当然还有许许多多罐头食品。这种生活方式在美国或许也会伴随枪支和一种"未雨绸缪"的心态——这个心态认为社会即将处于某个重大的灾难之中，那些时刻准备着的人才有可能生存。

对于大多数人来说，离网生活看上去颇有诗情画意，而预示大灾难会降临的生活不免让人毛骨悚然。对于某些人来说，过着自给自足、自己发电的田园生活很惬意，然而脱离社群的孤立生活并不是我所想要的幸福生活。此外，一个人可能会在大灾难来临时，躲进地窖或地堡里几年，从而幸免于难。但是这种心态更倾向于负面，而不是一种有同理心的启发性利己。

即使没有离网生活那样极端，这种倡导健康和可持续生活的乐活运动仍然是一个包罗万象的术语。它可以涵盖整体医学、瑜伽、健康，以及所有提供这些的必要产品和服务。与此同时也包括太阳能、生物柴油和电动车。最糟糕的是把这作为一种营销噱头，错误地宣传某些有生态优势的生活方式。

正如被许多程序和文件弄得不堪重负的电脑，就算不是完全重装的话，"乐活"也需要一个重启。我开始思考"乐活"到底缺失的是什么？答案是乐活运动缺失了一个关键的方面 —— 城市。这就是我们不同于许多传统的环保人士的地方。我们支持城市生活并且我们想要找到一个让其能够更加可持续的发展方式。

为了尽量减少对"乐活"（LOHAS）这个词的改动，我加了一个代表城市（URBAN）的"U"在其中。我相信生活在郊区或乡村会很宜人，在乡间享受片刻的宁静会很放松，但是我们未来的社会——一个会延续到下个世纪，能够可持续发展，并允许人口数量在稳定前增至高达90多亿的顶峰——需要大部分人生活在城市。要在我们的星球上供养这么多人，提供给他们高质量的医疗、教育和其他服务。我们未来的世界是城市世界，那将会是怎样一幅景象？我会在接下来的书中有所描述。以城市生活的形式，包容人口增长，让城市变得更有活力，让我们生活的地方更美好。

沃尔特·格罗皮乌斯

包豪斯学校至今仍伫立于德国魏玛市，并影响着世界各地的创新者、设计师、建筑师……

但那些原则应该是什么呢？我的灵感来源于这篇介绍中提到的第二个运动。这个运动发生在九十多年前，然而其伟大的远见和简约思想仍具有现实意义。这个运动叫做"包豪斯"，你最了解的可能是它作为一种建筑，但它远远不止这些。

回到包豪斯本质

为了掌管我们的工作和生活，我们需要回首过去的智慧。

其中一个给我们在工作中带来巨大价值的方法形成了我们名字灵感来源的一部分：20世纪20年代来自德国的包豪斯建筑和设计运动。

包豪斯（BAUHAUS）被翻译成了不同意思，比如"包豪斯建筑学派"、"住宅建设"或"生活工厂"，但是总体来说取其本意，也就是在设计和建筑领域开拓新的教育方法。

在第一任校长沃尔特·格罗皮乌斯的带领下，一批知识分子形成了一种整体而全面地将学习、生活、工作相结合的方式。他们从建筑、设计、艺术、社会学和其他领域中汲取最现代的概念，旨在创造一种能吸引人眼球，抓住人心的一体化运动。

如果将包豪斯概括成一句话，也许会是：把一幢建筑不仅仅视为一个结构，并且思考这栋建筑的用途，在里面的人的需求，并将这座建筑的艺术和设计结合——因此创造一种时代精神，一种非部分的总和而是纵观全局的视野。

事实上，包豪斯的意义深远，如将包豪斯学派的有些概念与"乐活"相结合后，使得"乐活"增加了城市可持续性特征，就形成了我现在所称的乐豪斯，一种健康和城市可持续发展相结合的生活方式。

简则优

包豪斯的一个核心理念就是简约设计。与其相关的一个概念就是极简主义，在艺术或其他领域中信奉简单的物体和基色。下面就是受到了包豪斯极简风格影响的乐豪斯标志：

标志仅采用了一个形状——平行四边形。平行四边形又被重复拼接形成了屋顶的形状。这样的屋顶在我们乐豪斯所在的社区内可以找到。我们采用的字体是 sans-serif（无衬线字体），表明它们没有任何装饰线条或衬线。英文版的字体清晰简单，对于中文字体，我们同样挑选了一个简单样式。中文字的意思翻译过来是"快乐的房子"，但中文的"豪斯"是"包豪斯"中的最后两个字。自"乐豪斯"建成以来，我们就力求将每个设计做到极简。人们纷纷表示他们喜欢这种不受干扰的环境，空空的房间里有整洁的桌子，这是绝佳的集中注意力的地方。

由于一些知名的建筑师、艺术家和其他个人称他们的风格受到了包豪斯的启发，包豪斯的理念经历了某种意义上的现代复兴。尽管很少被提及，但确认有人说过，乔布斯深受包豪斯及其创始人格罗皮乌斯思想的影响。这显然从现代的苹果产品和其设计元素中体现了出来，例如：麦金塔计算机所使用的优雅字体版式掀起了革命性桌面排版，或者更近期采用拟真设计的 iPad 和 iPhone 产品的图标，比如日历这个应用程序看上去如同真的纸质日历。按照乔布斯的解释，人们因此会发现电脑很容易使用，很友好，没那么（高高在上的）技术性。

乔布斯似乎对拟真设计非常着迷，甚至像手机和平板电脑的触摸感应显示屏这种先进技术，让开拓全新界面的方法成为可能。一直以来，乔布斯致力于尽可能地保持界面极简。

苹果的乔布斯继承人们，包括设计总监乔尼·艾弗正逐渐偏离乔布斯的设计理念。2011 年乔布斯去世后，首次发行了 iOS7，将它与之前包括 iOS6 和更早的苹果手机和平板电脑的操作系统相比就能看出差别，当时的苹果还在乔布斯的监管之下。即使艾弗的设计美学仍有简洁的特点，但他已偏离拟真设计了。

乐豪斯把一切尽可能做到简单，包括对整座建筑的管理运营和我们推广鼓励城市健康和可持续发展的活动。简单自有其精彩之处，但有时候或许显得有点乏味。这就是为什么我们会借用包豪斯的其他元素将事情变得更有意思。

创意与互动

包豪斯强调的是我们如今称之为"跳出限制"的思维方式。包豪斯学校学生参与的课程鼓励独立思考，积极探索和基于项目的学习方式而不是死读课本。包豪斯的讲师们很少用死记硬背或讲课的方式作为教学方法。

有部分原因是包豪斯有来自多元化背景的讲师和学生，而不仅仅只是建筑师或设计师。它强调多元化小组之间的合作和配合很有潜力和益处，比如思想的交汇。这种方式有别于当时盛行的关注传统和教条的教育模式，就像在包豪斯。在乐豪斯，企业家与艺术家、设计师、作家或其他不拘一格的人或团体一起工作。

我们成立乐豪斯是为了在这里交流新的想法，同时也可以目睹、尝试和研究新的想法。这就使得人们能被一项项新技术或理念所启发，学会透彻了解它并将它运用到他们自己的生活和工作当中去。在乐豪斯，我们置身于创意和变化的艺术、摄影、音乐和物品之中。我们通过巡回的展览来支持本土艺术家，同样也不断开拓新的艺术表现形式和商业模式。我们与艺术家合作激发新想法，比如我们与上海的插画师、作家和企业家阿科的合作是我在开篇章节中提到的本土化经济方式——参与本土经济的一部分。

正如包豪斯，我们也在乐豪斯提供空间以供培训、辅导、学术交流和讨论，设计师和企业家、投资者共同参与一个活动。这样，每个人在遇到新朋友，找到新机会的同时都可以了解到新想法。

在 20 世纪 20 年代，包豪斯的这种学习模式是革命性的。毫不夸张地说，它颠覆了建筑和设计的教学方式，同样也颠覆了衍生领域的教学，如时装。通过强调"做"而不只是理解，学生获得了实用技巧，使得他们能通过工作谋生。他们一开始学习就成了实干家，而不是光学习的理论家，只能在毕业后获得一点相关经验。

这就是为什么创造和互动对我们现在正推广的乐豪斯建筑以及乐豪斯生活方式的理念如此重要。"实施"比单纯地学习更有效。乐豪斯是一家营利性社会型企业，与此同时绝大程度上是要对社会产生影响。社会企业就像在美国的公益性企业，它们不是慈善机构也不是非政府或非营利机构。社会企业是营利性组织，致力于为社会造福。因此，乐豪斯在做出社会影响力的同时必须盈利。否则，这个影响就不是经济上的可持续。这引导我们到了启发乐豪斯行为的第三个包豪斯原则。

商业化和工业化

在包豪斯，鼓励设计师和他们为之设计的行业相连。工作坊形式的学习鼓励学生们创造并建立连接，而不是简单地埋头学习。进而，用行业标准让工作生产变得实际，这样那些受欢迎的简单设计就可以被当时的机器生产。

德国设计师迪特尔·拉姆斯在德国博朗科技公司工作，他因极简同时又具备功能性的设计而闻名。他领导并与由包豪斯校友合作成立的乌尔姆设计学院合作。这些连接和其他的一些连接可能使拉姆斯继续保持与学校合作的传统，推动新想法的产业化，同时让博朗成为设计领域的佼佼者。举个例子，博朗是第一家大批量生产的透明塑料做机盖的唱片机生产者，当时的行业标准是用实木机盖。

当谈到商业化，乐豪斯所实践运营的建筑及传播的理念秉持的是社会企业的商业模型。那就是，我们投资并着手举办对社会有益的活动，同时仍具备可行的商业性。作为社会企业，这是我们区别于慈善机构和非营利机构的一个主要特点。我们懂得世界上有许多值得为之奋斗的事业，并且有很多人需要帮助。大多数慈善机构是在行善，但他们无法改变一个现实：它们几乎完全依靠捐款和津贴才能有能力服务于那些利益相关者。我认为有些慈善机构破产了，而另一些变成了日益膨胀的国际性组织，关心媒体和公共关系多于做实事。

综上所述，一个社会企业，从另一方面来看，是将利益传递给了社会。要么是通过副产品，要么是通过其商业模式的输出。许多人，也许大多数人都被金钱驱动。社会企业使得他们在对社会做出积极贡献的同时也能赚到钱。它是非盈利社会组织和营利性企业的有利合并。

太阳能的利用不仅是一个产生社会影响的有效示范，同时也可以带来经济效益。太阳能设备，比如光伏电池板和功率转换器比原来便宜。并且在世界上的许多地方，一些人已经将它们装置在了自己住所的屋顶上。这些设备影响如此之大以至于它们会干扰传统能源生产的方式。仅仅在英国，如今已有 50 万台屋顶太阳能设备了。像澳大利亚的昆士兰州和夏威夷这些地方已经装有了足够多的太阳能设备，在一天的某些时候当阳光很充足，普遍用电低的时候，就可以不依赖于烧煤的热能发电机了。即便你不需要烧煤的热能发电机，你也不能一个通知就轻易关掉热电站，因为它们需要几个小时的时间关闭或重启，这些过程中浪费了大量能源。

在中国，从国务院的五年规划和在地方设立的目标来看，太阳能装置发电总量到 2017 年要翻一倍。太阳能电板对环境影响很小，并且使用时间能达数十年。消费者使用太阳能也有一个经济利益——减少他们的每月电费开销。买此设备并投入使用，这是一次性投资。然后通过它产生的能量为你减少了付给电力公司的钱。与此同时，这种清洁能源通过最终减少基于化石燃料的发电对社会产生极大利益，它将会减少污染，帮助几百万的人改善健康状况和生活质量。这样一来，我们可以说太阳能设备生产商也算是一种社会型企业。制造商越成功，对社会的利益越大。

利益怎样被衡量呢？我们可以用不同的方式来衡量其影响。例如，洁净能源生成的总量，或者抵消掉的二氧化碳总量，或者投资回报率（ROI）。对影响的衡量至关重要，在这里，九十多年前的包豪斯理念再一次启发了我们。

经验主义和机械化

包豪斯强调创新和简约，也认识到一些建筑和结构工程学的规则和标准不能被当作儿戏。对于一个兼顾功能和安全的优秀设计来说，材料本身的限制和所必要的形式需要被遵守。拒绝武器技术是包豪斯学校根本的原则要素，因为武器让人类饱受摧残，正如"一战"后，我们看到它对环境所造成的破坏。"一战"期间，重型机器、炸弹和枪支造成的破坏和生灵涂炭的局面是前所未有的。因此，参与包豪斯运动的人检验了真正有用的技术和它对人类的影响，然而他们没有彻底拒绝技术，因为他们意识到技术同样会产生有利的因素。他们认识到人类工匠的作品是有瑕疵的，然而机器可以一再生产出相似、标准

鱼菜共生系统

化的物品。在他们的脑海中，艺术家的创造力与机器相得益彰，从而实现产业化和商业化。

学校涌现出一批创新设计，例如机械式窗户。其中一位讲师——格哈德玛克思设计出了 Sintrax 咖啡机，利用物理和机械方式，而不靠电力做出美味的咖啡。这个装置仅仅只有五个主要部件，玻璃作为主要材料。通过本生灯加热，虹吸管酿造，作为最纯净的制作咖啡的方法，Sintrax 至今仍受到许多咖啡迷的偏爱。

在乐豪斯，我们不像产品孵化器、硬件加速器和创客空间这类领域那么专注于设备和创新——我们关注的是这些设备怎样被一个可持续的城市环境所使用。我们探索的是可持续发展的想法和技术怎么会被一些人认为是与当代社会相抵触的。换句话说，一个研究可持续发展的学派宣称你必须拒绝技术，离网生活，只用自然材料，只吃你自己种的和自己捕捞的东西，基本说来就是做回农村人。我认为那种乐活的想法应该是不攻自破了，取而代之的是城市可持续发展的理念。

我坚信可持续发展是在城市环境中合理使用技术，如此一来，净增长好于没有使用技术，因为总体上它们提供给了用户和社会附加利益。举例来说，通过鱼菜共生方法，就是把人造养鱼池（水产养殖）和溶液栽培（在水里种植物）的方法相结合。家庭和城市花园的收益会增加，从空气中被带走的污染物会增多。蛋白质的产出——鱼类和蔬菜意味着比传统室外养殖或单纯的水产养殖或溶液栽培法养殖能产生更好的营养，同时附加的鱼类产品和室内有可能增加的光线，使它们变为了更加资源密集的产业，菜农所节省下来的时间或提供给菜农的营养，这些价值超过了额外的成本。这就是净增长。

带我们来到这里的，在未来不会带我们去我们想去的地方

对乐活的略微不满意，同时也正因发现了包豪斯哲学，从而引导我创造出我相信的一种可将两者优势相结合统一的方法。

本书的剩余部分，我将介绍健康和可持续生活的七个概念。每个人可以有选择地将它们付诸实践。这些概念甚至对公司的运营也有帮助，主导公司管理的三条底线是人、地球、利润。该模式是英国可持续发展顾问约翰·艾尔金顿在 1994 年提出的。

第一章关于"本土化经济"，我使用的这个词描绘的是在本地生活并放眼全球，首先是要帮助和支持你身边的社区，目的是打造一个经济与环境共同持续发展的社会，并推动它不断向前发展。

第二章谈论的是撇开所有营销炒作找回健康的生活方式。我相信每个人都需要定义自己的健康生活方式，然而某些特定的原则会帮你做出一个适合你自己的明智决定。

在接下来的篇章中，我从能源角度审视了城市可持续发展。如今的城市大多依赖于化石燃料，尤其是我们交通工具所依赖的石油、汽油和煤。个人能做的是让它们的使用变得更有效。减少（能源的使用）、关掉（大型发电设备），最后通过家庭太阳能电板、风力、燃料电池和其他能产生本地能源的技术自己来发电。

第四章引用了包豪斯原则的其中之一：为了更好管理你的生活，你需要量化它。你会了解怎样来量、量什么，这样你就可以在城市中更加持续性地生活。这一章节提到的是"自我量化运动"，它是关于利用技术监测和管理目前能被采集到的关于你的健康和行为的大量数据。量化自我包括利用小到计步器大到健身器材来测量并跟踪你的个人活动。我很早就开始实践这种生活方式，一直以来生活都比较高效愉快。

第五章说的是利用我称为"量化建筑"的概念，把衡量你生活的相同原则运用到衡量、监控并管理你的住所和办公室中去。通过把你的建筑变得更有效率，你也会增加它的实用性、它的价值并让使用这座建筑的人更愉快。你会发现城市的可持续发展其实具有强大的经济效益和更强大的环境效益。

第六章提醒我们，所有在城市中生活的人是有压力的；我们当代的全球经济改变了我们生活和工作的方式。为了在城市中享受健康、长寿幸福的生活，我们需要记得休息、放松和娱乐。这样做的好处包括提高生产力、创造力，即使你少工作了几个小时。

最后，第七章回到了包豪斯欣然拥抱科技的原则。这是统一的章节，将本书其余的元素综合，揭示我们的城市社会将怎样改变以及我们会随着城市发生怎样的改变。

加入我们吧！和我们一起开拓乐豪斯的新典范，一种健康和城市可持续发展相结合的生活方式。

A Lifestyle of Health and Urban Sustainability

1
本土化经济

　　我对中国的经济很有兴趣，并在某种程度上研究了它的一些原理。我之前出版的两本书的主题是关于中国宏观经济的趋势。我特别关注中国、日本及太平洋周边地区之间的关系。这些也是我专注研究和生活的地区。从西雅图到名古屋到上海再到我长大的加拿大西岸维多利亚地区，我在这些地方待了 40 多年。你或许会想象我是全球化的铁杆支持者。然而，恰恰相反，我越发地支持一个观点，那就是一个真正可持续的经济，其支柱应该是当地社区经济——我将其称为本土化经济。

　　这并不是说我认为全球化该结束。事实上，我在我的第二本书《中国超级大趋势》里剖析了全球化，并揭示了全球化势力在改变方向——

现在主导的是从东方到西方——并且这个趋势在逐渐扩大。与此同时，我在与几家电子商务和在线媒体公司合作之后，发现了当任何人从世界的任何地方都能搜到你的网站时，地点变得不再至关重要。我也发现了全球化是怎样慢慢改变着传统工作和外包工作，重新改造供应链，并因迁徙、学习和事业发展的需要将人们和家庭分散在不同地方。然而全球化的每个方面都有它的积极面，它们也悄无声息地改变了我们本土经济的性质。

什么是本土化经济

关于我所说的本土化经济，第一，回归并支持传统形式的当地社区经济。第二，一旦所有外部性因素被考虑到，最终达到本土和全球化发展的和谐。

你可能会回想起在介绍部分提到过外部性。这是个经济学术语，意思是指一个人或一群人的行动和决策使另一个人或一群人受损或受益的情况。举例说明，二氧化碳的污染在世界许多地方就没有被算到生产成本和价格中去，特别是在新兴经济体中。征收碳排放税是比较有争议的一件事。更难让人们和政府接受的是不仅二氧化碳的排放应该被征税，就连它们所引起的全球变暖而导致海平面的上升或来自更猛烈的飓风或台风所造成的毁坏也应包括在税里。没有连接因果的机制，我们不能一致性地精确指出，哪个污染导致了哪个后果。在有些地方，这个因可能更明确。比如位于河流附近，特定一处的工厂所造成的化学品泄漏，对于当地社区来说，也许不可能估量出它的破坏力而强迫工厂清理并要求赔偿。工厂或许有强大的游说势力，或重金聘用了律师，从而使社区或当地政府没有能力驳斥、抵制工厂，或者还有可能就是社区本身像一盘散沙并且毫无意识要采取行动。

解决问题的答案是回归到非常本土形式的社区中去。你需要了解你的邻里。你需要经常光顾他们的生意。你需要在当地社区组织中活跃起来。你应该买在当地卖在当地。你应该去欣赏他们的艺术、音乐和作品。一起运动、一起社交。这就是本土化经济。

社区企业和支持

一个健康和可持续性现代生活总体原则之一就是城市社区应该要变得更紧密相连。这并不是有线和无线网络或移动电话这种意义上的连接，我们的城市已经通过这种方式相连了，并每年都以更快的速度相连。反之，我们需要的是回到早些时候的那种集体生活方式，以那样的方式相连。

如果你回溯到更久远的人类历史长河中，你会发现人类不是独居动物，我们是家族式和部落式的，生活方式与海豚、狮子和猩猩相似。我们在族群或家族里找到支持和更好的生存机会。然后，我们发现生活在更大的团体里能让我们的社会发展农业、政治、艺术和其他一些独居者或只关心自己生存者而无法达到的事情。通过资源分享，我们都会变得更富足。

如今的社会在许多方面已经把之前那个我们父母和更早几代人所享受的社会演变成了一种反常形态。我们现在都拥有了自己个人的家庭、交通工具和设备，甚至是个人的朋友圈或横跨国家、遍布全球的伙伴。同时，我们中的有些人误以为我们比以往任何时候的联系都紧密，因为像 Facebook 和微信这些社交媒体的消息服务功能让我们通过照片和视频几乎能够实时洞察其他人的生活。同样地，我们也能够播报自己的生活发生了些什么。所有这些给我们营造出了"天涯若比邻"的假象。通过对彼此留言的关注，我们达到了对话的错觉。还有那些表情符号的使用也代替了面对面真实的表情，给我们一种虚拟的连接感。

当然，这些虚拟的邻近、对话和连接也带来了我们父母未曾经历过的一些优势。但每个好处的到来也都会伴随着某些失去。

例如，对于在今天这种环境里成长的人来说，与一个朋友或同学失去联系几乎是不可能的。这很好啊，不是吗？然而这也预示着你不会有缘分的邂逅——如今的网民们可能再也不能体会到他乡遇故知这种久别重逢的惊喜。

我们也比我们前几代人拥有了更多朋友。我们所要做的就是在我们习惯性用的社交网络上新添加几个联系人。这取代了曾经费时而且费力的老套的建立关系的方式，那就是通过会面，在分享几次同甘共苦，共患难经历的基础上最后找到共同点、达成共识，建立牢不可摧的关系。这很好，不是吗？相反，我们现在也仍是通过"分享"建立关系。但这种分享更大程度上是以一种超凡又飘渺的"我的心与你同在"的方式。

现在要找到共同点也许更容易：只要看看这个人的个人资料或最新分享。然而这么做的话，就失去了自然发现的过程，那种过去铸成深深连接的火花，这种"过了这么多年，直到今天我才知道关于你的这一点！哇噢！"的惊讶。如果跟你对话的是曾经被判有罪，刚出狱的杀人犯，也许少掉自然发现的过程是好事。但在社交媒体给予的理性、逻辑和可被证明的数字化证据的同时也带走了直觉、判断和情感。

这和乐豪斯有什么关系？我们相信我们首先要在真实的世界中形成一个更社区化的连接，为的是建立更丰富且更有竞争力的社会联结。这些联结由于亲近熟悉度不同，对于可持续的城市生活很有必要。如果你认识并了解某人，你更有可能在考虑自己需求的同时也设身处地地为他人着想。反过来，如果他们是陌生人，我们则倾向于忽略他们的感受，因为我们不了解他们的所思所想。我们常常错误地认为我们关心的问题也是他们关心的。

这对于乐豪斯，一个健康和城市可持续的生活方式来说，就意味着履行一系列本土化经济的原则并开展让每个人都能参与奉献，让自己和他人的生活更美好的活动。首先，我们必须检查为什么这些新的原则是有必要的，他们解决的是哪些问题。这些就是我摸索着试图解决的挑战。

分享经济，不持有生活

记得在我成长的过程中，我父亲有一个工具室，里面有许许多多打理家务要用到的工具。偶尔他缺某样工具时，他就会去有这个工具的邻居家借，用完再还。同样地，其他邻居也会上门问他借些工具。他们所有的资源加起来比他们各自拥有的要多得多。此外，分享的这一举动让一种帮助他人，互惠互利的美妙感觉油然而生，甚至是想法和知识的交换。只要你借某个工具，你就会听到一段简短的口述使用说明，或怎么用这个工具的更好主意。常常还会得到别人伸出的援助之手。

某些事情悄然改变了，当我长大后，就没有社区工具分享了。我和我所有的朋友各自拥有自己的工具箱。与此同时，我们都从别处寻求点子和帮助，一开始是从五花八门的电视节目中，然后就是从资源库更大的网络信息和视频中。

我买工具的地点也跟着改变了。我记得原来是跟我父亲去当地的五金店，那个地方对于我幼小的身体和头脑来说都是个庞然大物，但实际上它是个在大商店后面有着木头小屋的家庭式小作坊。然而，我注意到正在变化的是，商店越来越大。首先有了大型商场，里面整合了一些小的五金店，然后沃尔玛占据了更大的市场份额，最终许多人干脆跳过商店直接在网上购物了。

我们的房子也变得越来越大，堆满了我们买的东西。

同时，广告也在鼓吹：要变得更专业，你需要拥有你自己的一套工具；这个工具比那个工具还要好。

最后的结果是我们买了更多的东西，需要更大的地方来存放它们。曾经互帮互助，互相分享的邻里关系已不再有了。

但值得高兴的是，我发现在中国国内正逐渐兴起分享经济，一种不持有的生活趋势。最为典型的如"凹凸租车"，将欧美成熟的"共享租车"理念很好地运用在了中国市场。私家车主将自己闲置车辆的信息，新旧程度，使用费用，提车地点上传至凹凸租车的平台，而有租车需要的用户则可以根据自己的预算与需求在离自己较近的地方租车。这种颠覆传统租车公司的模式给了市场更多的可能性与机会，而他们的口号便是"不持有生活"，同时这一模式带动了多家企业的创新，又如"pp租车"和一些更大的租车公司同样提供着类似的服务。

同样的领域，例如"嘀嗒拼车"，也改变着人们的生活习惯。这里我的同事家绮给我分享了一个她的故事：三个月前，她参加了一个朋友的生日会，这个朋友是一个医生，对新鲜的事一直抱有很高的热情，她们刚刚坐下还没点菜，医生朋友就很兴奋地给在座的每一位发了一个拼车红包，当时她也没在意，心中各种疑虑，真的能拼到车？车主是不是真的靠谱？隔了一段时间，有一次家绮要去看望住在浦东自贸区的朋友，地铁换乘公交需要近2个小时，而打车或许需要150元的车费，综合考虑觉得都不太合适。既不愿意花那么多时间在路上，也觉得打车费用不便宜，于是想到了那张还没使用的优惠券，虽然不

觉得会成功，但是还是第一次进行了尝试。在等待近 20 分钟，还真
有车主接单了！车费只要 30 多元。车主很准时、很安全地把她送到
了目的地，路上他们还闲聊了关于这个新起的平台，车主说他可以挣
到油钱，还可以帮助别人，很快乐！听完她的分享，每次去稍远的地方，
我也会使用拼车的方式，既便捷又经济。

分享住宿

　　正如我在别的地方提到过的那样，分享经济的部分含义是实实在
在的人，而不是公司——用他们所拥有的资源和其他人建立联系。大
多数消费者有汽车、公寓、各种工具或其他物品，但使用次数却少之
又少。车子一天当中可能只用两小时。当你出差或旅游时，公寓也有
可能在一个月内被空上好几天。螺丝刀这样的工具可能被放在箱子里
好几个月后你才有可能会再次用到它。

　　一个已经悄然流行的分享经济的概念就是：当我们自己不用的时
候，通过让别人使用或暂时出租给他人使用以便更有效地利用现有资
源。这么做就意味着物品的使用价值没被浪费。

　　这个想法的可能性在 Airbnb 的创始人们看来变得尤为显著。起
初，该创意是允许一些预算较低的旅游者只需支付很低的费用，便
可携带充气式气垫到陌生人家里借宿一宿（air：空气，bnb：bed 'n
breakfast: 床和早餐）。这是轻装上阵，降低旅行开支，遇见新朋友
的绝好方法。

　　但这样的预想并没有发生。很少人用到了想象中的服务。结果是
创始人为了便捷廉价的旅行而想出的方法的确有所需，但不是上述形
式。取而代之的是，他们注意到人们用整个房间（带床的），甚至整
个公寓给旅行者们用。可仍有一个问题，旅行者发现房屋主人们拍的

照片中，房间照明不足，拥挤狭小且还常常堆放了一些主人的用品。这些看上去并不那么吸引人，网站仍处于困难重重的初期阶段。

直到创始人们自己开始问为什么，亲自去查看这些地方的时候，他们才了解到便宜并不代表一切，人们还是想要品质。他们在推断是什么使房间和公寓看上去更吸引人，更能展现房屋品质？为什么不用广角镜和更好的照明，在拍照前将这些地方打扫干净呢？后来他们这样做了，并替房屋主人付了专业摄影师的服务费。有了新的，更好的图片之后，网站的使用数也开始攀升。

除此之外还有一个大问题：对未知的恐惧。很多用户都认为想法很妙，但也很自然会担心住在陌生人家里的问题。万一房屋主人是个疯子或变态杀人狂怎么办？房屋主人同样也担忧：如果前来住宿的人就花一点钱住一晚，然后偷走我的东西或把我的住处当毒品窝藏点怎么办？

答案很简单：互信评分。在中国，淘宝的用户想必已经对此深谙数年。买家在购物完后给卖家评分。公平起见，卖家也给买家评分。通过建立信任等级，买卖双方都有理由来相信或不相信对方。Airbnb也是如此。

于是，成功的三个秘诀就显现了：它是既便宜便捷，又能认识新朋友的方式。网站有吸引人的图片，其颜值与宾馆也不分上下。另外房屋主人和住客可以通过之前交易的公开反馈和个人信息来更全面地了解彼此。

现在，我经常在出国旅游时会用到他们的服务。我的最初体验如同上述那样。起初我担心我怎么能找到地方？房屋主人会不会在？万一房子比图片难看怎么办？或者很吵？有虫子或更糟？

我之前和另外两位朋友去阿姆斯特丹旅游。我们都决定共用一个公寓来降低我们的旅游开支。阿姆斯特丹这座城市的酒店价格波动率很高，一天当中如果有会议或大量游客需求的话，酒店的供房可以发生百分之百的变更。当我们查看较低预算宾馆的价格时，我们能找到的便宜的宾馆也要每间 80 欧元或更高。我们最后的确找到了一个很好的 Airbnb 公寓，距离我们想要的地方不远，只需每人 50 欧元。

不仅我们每人省下来 30 欧元每晚，并且我们发现它离我们的目的地很近，这样我们在交通上省了钱，还省下了时间。二来，我们在厨房里自己煮饭，这样就省了去餐馆的开销。第三，我们有很多免费的服务，免费 Wi-Fi、免费洗衣（在酒店绝对找不到），甚至免费咖啡和别的一些之前过客留下的东西。最后，我们的活动空间也比在酒店里要大。一个客厅，厨房和两间卧室。不能说特别宽敞，但比起预算较低的旅馆来说，地方还是大一些。这是一个很棒的体验，我们三个人比起住在酒店分开的房间里有更多时间相处，并且住在酒店的单独房间里，或许根本就碰不上面。

在后来的几次去阿姆斯特丹的经历中，我们找到了更大、更好、更近、更便宜的一些地方。其中一个地方的主人跟我们住在同一栋楼里。如果需要什么，他们很快就能给我们提供帮助。女主人特别友好，她在我们达到之前，在花瓶中准备好了鲜花放在公寓里（这通常是在豪华旅馆里才能享受到的待遇），如果有什么问题，她立即协助我们解决。所有这些设施和服务是宾馆开销的一半，并且又有更多的活动空间——这是一个有着三个卧室，一个宽敞的客厅和厨房，甚至还有户外露天庭院，能看到公园的房子。

可能让很多人惊讶也让很多人失望的一点就是这样的住宿没有客房服务和一些其他宾馆所能提供的舒适服务。公平地来说，宾馆体贴周到地为你提供浴袍、拖鞋、浴盐和几袋免费茶包咖啡，这为通常疲劳又没有什么时间的旅行者提供了便利。但对于如今的很多旅行者来说，宾馆的价格实在很昂贵。如果你是自己出钱，而不是公司来出（或者如果你是你自己企业的老板），付给宾馆这么多钱会很让人心疼。

这里通常没有宾馆提供的那些东西。需要你自己铺床，洗碗洗衣服。嘿，这感觉不就像在家嘛！

虽然我不会每次旅行都会使用这类服务，但至少查一查有哪些住房可选也在情理之中的。时常会发现有不少非常特别的地方。

比如，我们中的另一个朋友待在阿姆斯特丹期间就体验了一把船屋住宿。之前这样的经历只能是通过主人自己的网站来预订，付款也不方便，并且质量也难保证。因为出于主人的动机，只会把好评放到网上。如今，在阿姆斯特丹任何有船屋的人都能将信息公布到 Airbnb上，并且立刻就拥有了全球客户群，付款也变得方便安全。住船屋对于旅行者来说更加可行，费用也更能承受。

于是，很多房屋主人赚了钱，而旅行者们也省了钱，对于某些人来说，这更像是一种带有社交目的或是为了满足发现和体验与宾馆不同经历的愿望。下次你打算出国旅游或去中国的其他城市时不妨试试。

邻居变成了陌生人

过去几十年的另一个大趋势就是城市发展的规模越来越大，人们越来越少地住在院子和院子相连，可以看到入口、门廊和窗户的房子里了。如今他们住在有大门的小区里，住所离街道更远并且有更高的栅栏围着。在公寓小区里，你唯一能看到跟你邻居有关的就是他们的前门。实际上，从来看不到邻居人影的现象也越来越普遍。甚至几年也碰不上一面。你们或许偶尔同乘公寓电梯但从来都不打招呼，尤其是在很多出租的单元楼里，你看到的人可能以后都不会再看到，所以干嘛要去打招呼呢？

当然，在任何地方了解你的邻居都是有可能的。并且毫无疑问的是现在大城市里有很多友善的邻居。如果你愿意，你总是可以去主动敲别人的门，打声招呼。或者你也可以跟电梯里的人攀谈两句，但如果别人投来吃惊的目光和不友好的表情时，你可以微笑一下，做自己的事。你还可以参加社区管理小组，投身到街道居委会的工作中去，讨论谁是问题邻居，物业公司有哪些问题等等，至少这是一种邻里联系的方式。如果你仔细想想，会有更多更好的方法。

东西的问题

我们过去分享很多东西。当你看完一本书或一部电影，你或许会把它借给或送给一个朋友。这一借一还就制造了讨论和思想交流的机会。纸质书被电子书取代，录像带和 DVD 被可下载或点播程序取代。所有这些将一切都改变了。那些电子版本只能通过复制（非法或合法）给你的朋友。你可以把你喜欢的电子书、数字电影或 Hulu 电视节目的链接群发给几百个熟人。比原来那种分享方式所面对的人要多得多，对吗？但有多少人事先问你要了这个链接呢？多少人收到链接后还会再来问你关于这些书、电影或节目呢？分享实物与分享电子媒体有着如此之大的区别。

这对我们实际造成了一种新的问题。尽管一些像书、影像这类实体媒体的数量缩减了，新科技和全球化生产的爆炸不断制造出别的实体产品：包括信息时代的衍生物，电脑、平板、手机。同样，所有这些新生产品都可以在网上被发现和购买。一些人把它们称为"东西"，因为所有这些新产品都不是必需品，而是可要可不要的物品，消费者扎堆买一大堆东西的现象与日俱增。一些人，比如安妮雷纳德，都不把它们称为"东西"而是"玩意儿"。它的视频《玩意儿的故事》(*The Story of Stuff*)，已被几百万人观看了。

然而，东西不是信息时代酿成的新问题。它是贯穿工业时代慢慢积累的产物，并在过去的 30 年里急剧增长。这并不意味着我们有更多信息需要更多地方储存，而是信息本身在告诉我们去买更多的"玩意儿"。广告诱导我们去买更多，网站帮我们找到我们从来都不知道的新鲜东西，更多上气不接下气的产品评价怂恿着我们"非买不可"。当然，我们的社交网络也让我们看到别人在买什么，这在原来是不可能的。

甚至有些网站无止境地炒作一些新产品的发布。它们甚至有种"拆箱癖"的特点，一个新科技产品的视频描述了它从包装中闪亮登场的情景。结果，公司花越来越多的精力在没用的包装上。消费者然后就留着这个包装，因为它看起来如此与众不同，相信这是该物品与生俱来价值的一部分。也许扔掉它就觉得是扔掉了它的用途，把它的质量保证作废了，或降低了它转卖的价值。

问题是，玩意儿、使用手册、包装盒等等，填满了我们的生活、占用了我们的注意力。玩意儿迫使我们花时间和精力放在购买、打理并最终处理掉它。最后也是最重要的是，这些玩意儿需要相当多资源去生产、分配和销售。

这导致了高昂的生态成本。塑料的制造已经存在了 150 多年，并且它的数量年年都在剧增，而金属的提炼导致了大量污染。所有这些都是为了生产我们的玩意儿。

但希望仍在。越来越多的人意识到他们有太多东西了。他们开始扔掉东西，并开始与他人分享东西。然而，如果你不知道他们有什么，他们也不知道你有什么，分享起来就有点难度了。有一种共享经济的服务就是让你公布你有什么，并且你的朋友们也可以看到，它现在变得越来越普遍，但还不是很流行。同时，人们也以非正式的方式聚在一起，跟其他人分享或交换他们不是每时每刻都需要的东西。这包括书籍、衣服，贵重一点的包括数码相机等等。在我们举办的数场"物品置换"的活动中，这一概念得到了支持与验证。

所以这是本土化经济的第一个原则。你应该开始和别人分享并让别人也分享自己的东西。举个例子，当你需要某样东西时，试着在你的朋友圈里发布"谁有这个东西吗？"人们一般都非常乐意帮助。他们也会惊讶，多半会很欣喜，原来还有人用这个啊！

这个原则涵盖了在你当地的社区，人与人之间的交易。这些交易最好发生在当地附近的朋友圈之间，而不是遥不可及的联系人之间。但当你的当地朋友圈不足以大到能提供你所需的物品时，你可以转到下一个本土化经济原则：本土商业。

从电子商务到社区商业

说得更清楚些，乐豪斯不代表电子商务的终结，就如它不代表全球化的终结一样。我认为我们需要以一些社区商务代替电子商务。

我们相互联结的电子商务全球市场也已经遗失了一种连接，这就是对当地企业和小贩的联结。我们如实来看，许多当地企业被整合成了大得多的连锁店，或者一些小书店就已经消失得无影无踪了，苦苦支撑的古董店和二手书店也快成了一个远去时代的遗迹。

不用过于浪漫地渲染往昔岁月。过去我们有在当地购买的习惯，因为有其必要或便利性。如果你需要某个简单的东西，如食物或常见的居家用品，你会去街角商店买。如果你要一本新书、装备或其他物品，也可在当地商店买到。当地商店或许没有最优惠的价格，可能也没有最好的商品选择，但离我们近且快捷。你又认识商店老板或员工，并且愿意的话，问候一下他们的同时顺便也可以交流一下，看看你买的东西怎么用比较好。我成长的过程中常去当地二手书店，书店老板一般都会给我介绍说："如果你喜欢这个作者的话，你可以来看看这本书。"

如今，许多人得到建议的方式是来自亚马逊的自动邮件、你购物的历史数据挖掘和"其他人也购买了"的温馨提示。这与过去的经历相似，但与传统卖书人的交易方式却消失了。

当然绝不仅仅只是书。现在大多数人需要某个东西时，他们的第一反应是在线购买。他们在亚马逊或淘宝上买，然后货物从大老远寄过来。或者他们去附近的沃尔玛、家乐福或联华这样的超市买。有些时候，似乎只有那些不想麻烦用电脑或不想去超级市场的居民才会光顾附近的小店。

本土化经济意味着本土商务

作为社区的一分子就要支持社区经济。这包括当地的商贩和服务供应商。如果那些人不仅在你的小区里住，还在你的小区周围工作的话，为什么不支持你邻居开的咖啡店，而要去那既不关心你也不关心你社区的跨国咖啡连锁店呢？同时，去当地的面包店买早晨新鲜烘烤出来的面包，而不是去商店买在工厂里加工的；在当地餐馆用餐而不是去快餐连锁店。

在乐豪斯，我们认为如果你自己也做生意的话，社区商务是尤其重要的。换句话说，了解你当地的企业并与它们合作很关键。与你附近的公司合作在某些方面更容易，因为这去掉了物流成本并节约了运输时间。你也对跟你做生意的人相对比较知根知底，这样信任度更高，既能保障信誉，又能保证产品质量。对于当地经营者的额外激励就是给别的社区企业提供良好的服务，因为他们在人际关系和生意上有既得利益。

我们获得了很多与当地经营者合作的好处。下面一一举例来看：

家居装修

当我们需要改进乐豪斯的隔热装置以提高舒适度，降低无效多余的空调或暖气时，我们决定在已有的单层玻璃中装置双层玻璃。一般双层玻璃的生产商会在远离市中心的工厂里制造，然后通过专业的团队来安装。我们找了一家生产商来，他们给出的报价是所有的玻璃加起来一共 3 万人民币左右。考虑到我们是社会企业，这笔开销还是挺大的。我们留意到离开我们街区不远的小作坊里有焊窗户的师傅，经过了解发现他来自中国南部福建省的一个小镇，在上海开这个铺子好几年了。他可以以那家公司一半的价格来帮我们完成这一工程，并愿意给我们的窗户量身定做以便与原来的老式窗户更配。

整个过程并不是一点问题都没有，因为这些窗户不是在工厂里生产，那里有粉尘控制技术和自动化加工机器。这些都是在街上纯手工制造的，我们发现有几片玻璃中间有指头印，还有几片玻璃板里面还有灰尘。但他就在街的那一头，很快就能解决这些问题。此外，我们非常乐意推荐别的顾客给他，并且也欢迎他把他的一些潜在客户带到我们这里来参观他的"作品"。总的来说，这对我们每个人都是双赢的局面，我们在帮助支持当地社区的生意。

从某种角度来看，社区商务并非完全新鲜的事。在许多地方有很多诸如商会的组织，商会会员之间彼此扶持。比如全球扶轮社就有这样互助的传统习俗。我们有意识地与当地企业合作建立当地关系，在某些情况下，基本上就是与邻居合作。不是因为我们都是商会或俱乐部的一员，而是因为我们共同生活在一个区域。

不要快餐，要新鲜食物来得快

在乐豪斯，我们也和一些当地面包房以及餐馆合作，为我们的活动提供餐饮。这让我们有了方便快捷获得新鲜食物的优势，我们知道他们在哪里做这些食物。我们可以信任他们的配料和制作过程。

接二连三在中国发生的食品安全问题事例不禁让我们担忧，当某个食品加工商或餐厅连锁变得越来越大时，它就越有可能通过使用廉价材料以榨取一点点利润。

尤其是那些有很多供应商的大公司，或许会有质量监控的麻烦。如震惊中国广大消费者，尤其是让小孩的父母瞠目结舌的三聚氰胺奶粉丑闻。大型的奶制品公司的一些小供应商往奶粉里添加三聚氰胺以提高蛋白质含量。三聚氰胺通常是被用来制造桌子或其他廉价家具的塑料涂层的，但也让检测设备陷入误以为里面有更多蛋白质的圈套。不幸的是，这对人来说是有毒的，并使得成千上万个宝宝生病，有些还是致命的。

食品安全问题不胜枚举——中国某养鸡场的鸡被发现注射了过多的抗生素，猪肉被注入脏水以增加其重量。

包装上的标签也许都不是准确的。原料替代品也许就意味着你的牛肉其实是狐狸肉，街边羊肉串可能是猫肉串或更糟的鼠肉串等等。

餐馆里的食物也许是经地沟油烹饪的。这种油是从残羹剩饭里回收的，并不像环境学家所希望的那样，被制造成生物柴油，而是经过

乐豪斯提供的新鲜的食物

过滤和"清洁"然后卖给了别的餐馆。

我有种担心，人们不顾自身安危反而对吃的东西来者不拒的态度很让人惊讶。我当然有那种担心，所以另外一个本土化经济的原则就是关于食品质量和安全，坚决不吃快餐店的快餐，不在家里或公司提供工厂大批量加工的食品。尽量从原生产商那里直接获得食品。

这就是为什么我们欣喜地发现了 Patisserie Alexander，一个离我们不远的糕点店。在法国受过专业培训的点心师 Alexander 制作新鲜的蛋糕、甜品和其他烘焙食品，用的都是新鲜纯正的配料，没有防腐剂或额外包装。他们直接用盘子盛放食品给我们送来，供参加活动的人享用。

同样地，我们提供的别的食物也是来自当地供应商制作的新鲜食物，如沙拉和三明治；还有一家不得不提，"自由厨房"（Liberation Kitchen），就在我们附近小区的后院，我们称它为"后厨房"，同时也是两只流浪猫的收容所。有一天晚上一只小猫在我们的活动结束后不小心溜了进来。我们给她取名叫"摩卡"，后来与他们收养的第一只猫"拿铁"做伴了。这种热心和善良不可能是远在千里之外叫做"国际食品加工有限公司"所具有的。

当地企业也可以共同合作推广彼此的生意，提供优惠券等等。相应地，他们会得到一个很快的回应，甚至在几分钟内就送到了。乐豪斯选用的供应商都是当地的小型企业，由热爱经营它们的人所创办，我们知道店主，也见过他们。所以比起从大型公司购买，我们更相信他们。

本土化经济的局限

以上讨论的重点是，无论你身在何处，某些东西是当地可以提供的而某些是不能提供的。也许有可供应的替代品，但本土化经济难道就意味着如果你在加拿大就必须放弃咖啡吗？不是的。相反，本土化经济的第三个主要原则是寻求最佳相对利益的解决方案。换句话说，一个加拿大人可以购买直接来自南美种植园的咖啡而不是来自肯尼亚的，因为来自肯尼亚的咖啡明显要远得多，因此在运输和温室气体排放方面的成本会更高。

在乐豪斯，我们尽一切可能用非进口的物品，并试着从农民或合作伙伴那里直接购买所需用品。

对我们来说，这个制度是我们社区企业模式的延伸。我们从附近的杭州购买龙井茶，从相对较远的云南省购买咖啡豆。总体上来说，越近越好，但也会有些特例。

当地的中央公园咖啡馆

有没有想过咖啡豆要历经多少路程才能变成你每天早晨的飘香拿铁？云南到上海的距离是 2000 多公里。这路程可不短，公路要耗时几天，铁路会稍快些。如果它们是乘新开通的云南至上海的高铁而来，你甚至可能喝上"高铁咖啡豆"。但这种说法忽略了实际的路程。事实上，从云南咖啡种植园运输咖啡，也许要通过推车、卡车和铁路。中间也很有可能包括加工以及仓储的运输，然后才进行烘烤并最终分销到不同的咖啡店。简而言之，你的咖啡豆可谓是历经了千山万水。

你可能在琢磨，为什么我要谈论云南咖啡？难道普洱茶不是最有名的吗？嗯，在乐豪斯，我们开始的一项政策是使用大多数的通过当地渠道得来的产品和服务。但这对咖啡来说意味着什么，考虑到这个离上海最近的大型咖啡种植区域在 2000 公里之外？

我们暂且不谈云南咖啡，想想你杯中优质的进口咖啡。你喜欢带着泥土气息的肯尼亚或埃塞俄比亚咖啡豆吗？如果你住在上海或更北边的地方，这些咖啡豆要经过 9500 多公里的空运或甚至更远的陆运和海运。那么来自牙买加的广受欢迎的蓝山咖啡呢？这些咖啡豆要经过 13400 多公里的空运。有的人偏爱巴西咖啡，认为它才是全世界无可比拟的咖啡。里约热内卢到上海的空运距离是 18000 多公里！然而，这么远的距离空运价格真是不菲，你的咖啡豆最有可能是通过海运。两地港口城市最短最可能的路线距离 20000 多公里，耗时 45 天。这还没算所有的装载之前和到达港口之后的陆地运输。如此看来，种植园到咖啡杯的旅程要两个月或更久。

我所说的重点在于单单考虑下我们的咖啡豆，和其他日常生活中的消费品是怎样来到我们跟前的。请不要误解我，我不是说我们不要去喝咖啡。正如在本书别的章节中提到的那样，我提倡本土经济，主张买在当地。换句话说，通过使用最有效和最低碳的产品及服务，你还是能在获得最佳收益的同时对环境产生较少的负面影响与能源浪费。所以，如果你在巴西，请喝巴西咖啡。如果在中国，就喝稍带一点异域风情的云南或海南咖啡吧。

人们或许会说，为什么比起更优质的巴西咖啡豆，我要委屈自己去选择云南咖啡？为什么不让我喝到最佳的咖啡？好吧，星巴克最近已经开始培训云南当地农民并与他们合作，计划将来从那片区域尽可能多地获得原材料。如果一家拥有几十亿资产的大公司都觉得买云南咖啡靠谱，我们为什么不呢？这么做既支持了新型农作物和农业现代化的发展，帮助提高云南农民的生活水准，又具有新鲜度。云南咖啡能更快地来到你在北京或上海的家，从种植园到烘烤再到你当地咖啡馆或家里只需几天，而不是几周。如果你真是一位咖啡品鉴行家，尝试一下新鲜采摘和烘焙的云南咖啡，你或许再也不会去喝蓝山咖啡了。

左上图：坐落在陕西南路的店面

右上图：店里最卖座的甜品

正下图：两位合伙人把刚刚烤好的玛德琳送到我们的活动现场

不经意间来到乐豪斯的小猫很快长大了，懒懒地睡在新家的竹椅上

新鲜美味又有创意的邻家美食

左上图：Loky 精心制作的熊猫拿铁

正下图：云南豆子的醇香在现在上海的本土咖啡店随处可见

防腐剂没必要

有个故事不得不提。它发生在 2013 年 6 月份，就在我们开办乐豪斯不久之后。

在去山东沿海城市威海的一次出差中，我们中的一些人有幸住在了靠近海滩的宾馆。当时台风带来了风浪，但 25 摄氏度的温度非常宜人。我们沿着海岸公路散步，不久我们就看到了路边撑起的一个小棚屋，大约离酒店 1000 米远。原来我们碰到了从中部安徽省来这里短暂居住和生产的农民工。他们正在路边摆摊卖疑似是油的瓶瓶罐罐。

这首先让我想起了加拿大的许多休闲农场是怎么把他们生产出来的东西卖给开车经过的人。质量绝对有保证因为你知道你买的东西来自哪家哪户。有些摊子上甚至没有卖东西的人，他们就把一个盒子放在那，你把买东西的钱放进去就好了。但是，眼前这些显然不是当地居民。他们的"家"只不过是用一些板子和防水布搭起来的简陋棚子，但他们有移动可携带的发电机，看上去也像是在生产什么东西。出于好奇，我们走近瞧了瞧。是工业化学品？难道我们发现了臭名昭著的地沟油制造窝点？

担心会被小摊小贩强迫买些什么，我们都快要走开了，但还是好奇地问了其中一个人他们在卖什么。

噢，是蜂蜜！那金黄的琥珀色清亮液体原来是新鲜的蜂蜜，有些里面有蜂巢，有些经过消毒了，有些是生的。我家乡附近有一个小农场，那里有蜜蜂，所以我多少知道点。但当我们在路边碰到卖蜂蜜的摊子，我们第一反应就是，这肯定是坑人的，这蜂蜜一定是假的！

我们问他们是怎么制作蜂蜜的，用糖兑水吗，是在那个棚子里做出来的吗？回答"当然不是，这是蜂蜜当然是从蜂房里制作出来的"。

"哪里？"家绮问到。原来在那边，不是棚子而是棚子后面的树林里。这些农民自己搭了蜂房在那里做蜂蜜卖给经过他们路边摊的人。

农民带我们走进了树林，很快我们看到了许多木制蜂箱，我们被成千上万只蜜蜂包围了。"别害怕。蜜蜂能嗅到恐惧……"我这么说也是掩盖我的一丝担忧。在我长大的维多利亚小镇上，我就被蛰了好几次，所以阴影还在。我从没这么近距离靠近过如此多的蜂房，它们居然都没有任何防护。难道我们不要蜜蜂罩子？那些可以让蜜蜂昏昏入睡的烟呢？我让家绮翻译给农民们听，他们笑了。

农民开始把蜂巢拉出来给我们看蜂蜜是怎样做成的。实际上，我们那天从他们夫妇那里学习到了更多关于蜂蜜的知识，学习的地点竟然是临时小棚子后面的农场。这比我们一生中了解的蜂蜜知识还要多。让人吃惊的是，我们仍然对蜂蜜的质量存有怀疑。"这罐子里的蜂蜜真的是从这些蜜蜂里来的吗？"家绮问道。我们觉得这表明了我们的社会已经变得满腹狐疑和愤世嫉俗了，多么危险啊！尤其在中国，食品安全问题本来就是大家日日关心的重点。我们自己是精通世故的"城里人"，只熟悉城市的环境并且已经与自然失去联系了。我们情愿从超市里买几百甚至几千公里外的工厂里生产出来的带各种化学物和防腐剂，并且还被过度包装的东西，也不愿意从当地人那购买纯正简单的东西。

结果是，我们买了好几大罐没有标签没有有效期的蜂蜜。纯天然的蜂蜜原来不会过期。它可以持续几千年。我们可不需要那么长的保质期，所以我们把这些蜂蜜带回了上海。虽然我们可以从上海附近的地方买到蜂蜜，但我们已经在威海了并且又可以飞回来，所以自己带比寄要好。接下去的大半年中，我们乐豪斯里最受欢迎的不含咖啡因的饮品就是山东蜂蜜柠檬茶。这是我们尝过的最好吃的蜂蜜。

自然配方的哲学是就地取材，并可供应给每个人。这是我们必须做出的选择。当然，我们可以选择简便的方式，从大超市购买或从肯德基、麦当劳或中国连锁餐馆真功夫里买吃的。但大多情况下，转角处的当地食物质量更好且更便宜，你只需要去看看。这是去了趟威海之后给我们上的重要的一课。

不仅仅是食物和产品可以就地取材，服务也可以。这就是为什么本土化经济的原则是"只要可能，就选本土"的原因，这个原则深入到了乐豪斯运营的几乎每个方面，包括跟我们合作的人。

本土创意

当决定怎么创造一件有意义的事情并激发他人采取行动时，你所工作和生活的环境是非常重要的。在健康和可持续发展的城市生活中，（物质的）东西不都是好的，但物质主义也不是要完全抛弃的。相反，我们相信每件带到生活中的物体和装饰都应该有意义。作为环境可持续的示范，所有乐豪斯的物品和永久装饰都是用过的旧物，并且许多还是之前搬走的人留下来的。为了激发在这里工作的或者只是因好奇而进来的人们，我们这个（利用旧物的）规定有一个例外，我们会经常性改变、调整和更新一些物品，这包括一些艺术品展览和橱窗展示。

艺术包括很多东西：实体的、永久的、具体的；除此之外也有感情的、短暂的和抽象的。书、照片、画作、雕塑、舞蹈、别的形式的表演和许多更新的事物将数字和模拟，古老和新式的东西融合在一起。但是最最根本的是，艺术应该启发它所试图表达的更深层次的感悟。

在乐豪斯，我们将本土化经济的概念和社区商务的商业模式延伸到了与我们合作的艺术家当中去。对我们来说支持本土艺术家更有意义，我们的展示以当地居民的作品为主。我们居住的城市里就有很多我们可以去支持的当地艺术家。这通常意味着我们经常与上海当地的，还没有取得国际地位的艺术家合作。这些人对他们所做的事充满热情，有些人可能会问为什么我们要做这些。这个世界充满了创意，为什么我们不去找最好最夺目最有意思的，不管他们来自哪里？

原因和这个有关：相比跟你都不在一个国家的人而言，你能与当地艺术家合作到什么程度，你有多信任他们，你们的合作会有多紧密。这与我们选择和当地面包房和餐馆合作的概念相似，但在这种情况下就不是关于运送速度或灵活性了，而是关于更多的合作。

我们的艺术合作伙伴模式让我们与一些艺术家之间，不仅仅是展出他们的作品，同时也提供给他们一个不只是画廊，而是可以与公众互动的场所。在乐豪斯，我们为极具特色的艺术伙伴们举办一些活动来与公众互动，例如教他们怎么画画、设计或创新。当然我们也常常有开放的画廊和派对，艺术家们在此展出他们的作品。但这不是我们的重点所在。重点也不是卖他们的作品，这让很多人感到惊讶。我们认为画廊或代理商在销售艺术家作品方面更在行，尤其是对于高净值的人来说，他们喜欢买昂贵的艺术品。我们乐意做的是直接介绍潜在的买家给艺术家。所以如果卖艺术品不是我们感兴趣的，那么以这种方式和艺术家合作的好处在哪里呢？

我们感兴趣挖掘的是作为瞬息万变经济中一部分的创新，是更深层次的意义。我们相信，不久后的一天，更多的人会通过创新来谋生。书中别的地方（工作的尽头那一章中）提到了原因，传统经济下，在一个公司服务 20 年的工作形式将逐步走向终点。越来越多的人会选择兼职工作、自由职业或一点点少量的比完全不工作要好的工作。当然，直到我们解决了世界饥饿问题，创造了源源不断接近免费的新能源前，每个人还是要工作一些时间。但是许多人会开始从事自己的事业而不是为一个大公司工作。

　　其中的一个例子是，我们怎样试图创造新型的合作方式，可以给制作者和消费者同时带去更多的价值。所以我们决定改变在乐豪斯所展示的艺术品。这不仅仅是外观上的改变。我们实际上在观察我们怎样可以挖掘更深层次的合作伙伴，包括各类活动、商业合作和艺术创新。

不仅仅是画廊

　　把乐豪斯专门用作艺术画廊是一个不错的主意，但是这么做会丧失许多空间的潜能。再次借用包豪斯的哲学，一个没有充分结合艺术而仅仅只是用它来做装饰的空间是一个浪费。按照这个说法，我们总是试图举办多种多样的活动，在提供给参观者新的灵感以及可持续现代化的想法的同时，充分地利用这个空间。这是一种软销售，我们不咄咄逼人地给人们传达生态意识的信息，或强迫人们改变行为。相反，我们通过影响他们并提供一个空间，这样他们有所准备并能学习更多，慢慢地自己开始行动。乐豪斯这个空间和乐豪斯的生活理念就在那里支持他们而不是反对他们。

　　举例来说，对于每个在乐豪斯展示作品的艺术家来说，我们不仅主持一个开场，同时我们也做艺术家沙龙，这样公众就有机会认识他们，与他们讨论艺术作品，并向艺术家学习。艺术品或艺术家的粉丝们也有机会彼此认识并互动，拓展了也许只存在于在线聊天论坛或根本不存在的关系。例如，上海插画家和作家阿科在乐豪斯举办了一个沙龙，关于怎样欣赏和理解有插画的书籍。这是他擅长的领域。喜欢这类作品的人可能比喜欢其他艺术形式的人要少，但这些艺术家还是对他们所从事的事情很感兴趣。正因为大家志趣相投，他们饶有兴趣

我们正将小伙伴不用的整理箱运到乐豪斯
做旧物改造

在一次活动中，灵魂舞蹈表演，让在座的各位都惊呆了

地讨论了一番。同样作为上海本土油画家的袁秋萍，擅长的是色彩心理学，这在艺术界也是非常少见的，喜欢她的作品的人们同样会被更深层次的美学所感染，获得内心不同的喜悦。

我们也想教人们怎么去制作他们自己的艺术品。在乐豪斯，我们的一位成员 Lizzy，已经举办了多次"自助画室"，从专业角度教人们怎么画画，同时也可与其他人互动，大家相互启发。然后将自己的画作带回家挂到墙上。所有这些都发生在同一天。

对于健康和可持续的城市生活来说，传统艺术和新科技的交汇特别有意思，因为就算科技发展，空间还是有局限性。这就是为什么接触并了解新的创新型工具，与我们受到包豪斯启发的科技使用原则相比，显得尤为重要的原因。乐豪斯的另一位成员晓晓，教大家怎么使用最新的 3D 打印设备，包括稍大型的 MakerBot3D 打印机，用 3D 打印笔做立体的 3D 成品。

对于摄影，我们与《国家地理》杂志的中国摄影家沈云瑶合作，开发摄影的互动体验，人们可以在乐豪斯走上走下发现一些新东西，做一些新的事情，或学一些关于摄影方面的新知识。展览的主题是"西藏"，融合了视、味、嗅、听，还邀请藏族人到活动中来与公众互动。那是一次非常受欢迎的活动，仅仅在一天里就吸引了上百名参与者。

我们参观过不少别的地方的画展，它们都大同小异。有一丝艺术排他性；人们站在那喝着红酒吃着西式小点心，艺术家则穿梭在媒体、买家和画廊主人及他自己的朋友之间。这是我们艺术展开始前也会做的一部分事，但这种模式本身是老式经济的残余，一小部分的大买家主导着艺术世界。

如今，通过在线互动和活动，艺术家们变得更"社交"了。我们是分享经济的一部分，同时也被分享经济所包围。分享经济更多的意

上中图：阿科正忙碌着为新作品签售

左下图：还未到活动开始便销售一空，从野猫的独特视角出发看这个城市的故事

右下图：从窗口角度拍摄。大家交谈着，欣赏着，阿科说这是"一幅画，一首诗，一个故事"

作品和环境相得益彰

义是，在你的"部落"里与他人互动。那就是，一群人分享你的激情。
部落的概念被作家赛斯高汀变得通俗和大众化，强调了艺术家和艺术
创作过程及彼此之间的联系和深层了解，这是推动创造新经济价值的
动力。对于艺术的所有形式，部落也是关于艺术的民主化——任何人
都可能成为艺术家，并且我们相信在不远的将来，每个人都会成为艺
术家。

艺术商业和艺术家孵化器

作为艺术新经济的一部分也意味着要确保可持续的发展。在这种情况下，我们不是指环境上的可持续，我们指的是商业上的可持续性。爱好者与专家之间的区别常常可以通过他们作品所获得的报酬来区分。如果你只是个爱好者而已，你通常不会得到报酬。但如果你是专业人士，你通常会得到报酬。在当今的现实社会，严格说来，这两种情况都不见得是真的。爱好者正迅速通过新渠道获得报酬，比如自己出版电子书和越来越多专业的自创作品——至少他们有些时候是免费提供，这样一来，可以说他们搭建了一个平台来为自己社区里的人供应一些精神食粮。

目前，乐豪斯主要关心帮助新艺术家开拓接近商业的渠道，帮助他们获得收益，使得他们的作品在商业上更加可持续性。乐豪斯也关心怎样让业余爱好者们通过从事他们热爱的事情赚取额外收入。我们已经发现了一些重要的情况：

首先，活动不应该是免费的。虽然艺术画廊免费邀请人们来参观，旨在希望来宾会买一些作品，但一般来说参观艺术展应该是某种更大且收费活动的一部分。艺术博物馆与画廊不同。

其次，如果付活动入场费仅仅只是听一场演讲或讲座，会让消费者觉得太贵，那么就给来宾们更多的价值而不是降低入场费。提供给他们一杯美味的咖啡、一些开胃点心或甜品。这是乐豪斯社区商业合作伙伴支持我们的地方。我们提供的不是普通的一杯咖啡或茶，我们能提供醇香的来自云南的卡布奇诺和受过法式培训的糕点师所制作的美味奶油泡芙，这些会让活动有全方位的愉快体验。作者提供他们的书，来宾可以自己创作一些东西然后带回家，这些为来宾所创造的价值，不需要花费很多，却对接受者有相对高的吸引力。

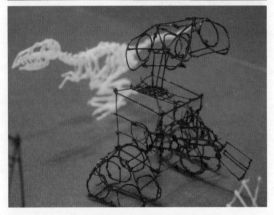

左上图：晓晓正在教大家如何使用 3D 打印笔
右上图：其中一位小伙伴正在绘制 "玫瑰花"
左下图：老师们提前制作好的恐龙模型和机器人 wall-E

左上图：沈云瑶正在致辞，大家簇拥在一起，一天内共做了四场分享会
左下图：我们还将每一位来宾的笑容保留了下来
右图：西藏当地的一部分文化展品

最后，传统的艺术品销售模式是另一个正在发生变化的领域。在某个时刻，艺术仅仅是被创造并销售。如今，为买家特别订制的作品越来越多。我们的朋友阿科通过手绘和电脑生成图片的结合来进行他的艺术创作，他创造了许多数字化插图，很受读者们欢迎。与大多数艺术家不同的是，他按照顾客的需要来创作。如果某个人想在墙上挂一幅吸引人眼球的海报，他们会告诉阿科他的哪一部作品他们比较喜欢及他们想要什么尺寸，甚至有些时候还会告诉他在什么样的材料上

活动邀请函——西藏谐音"心脏"　　　　楼层布置图

印刷。阿科提供有他签名或没有签名的量身定制的作品，有些是限量版，有些不限数量。他是我们认识的比较聪明的新经济艺术家之一。

　　他虽然可以在自己的网站直接进行销售，但在乐豪斯，人们可以直接看到我们展出他的作品，并且我们帮助协调印刷和运送。在许多情况下，我们也很高兴能直接把顾客介绍给他，让他打理整个过程。

　　让艺术到别的媒介中发挥作用，或许也是一种我们在乐豪斯不断发展的商业趋势。例如，阿科也制作印有他作品的环保型帆布袋，我们随后在乐豪斯里卖。我们也以其他方式获益，例如在墙上展示有意思的东西来启发我们的顾客，提供有趣的抽奖奖品。当然我们从促成的交易中也能获得一些佣金。这是一种双赢的合作方式。

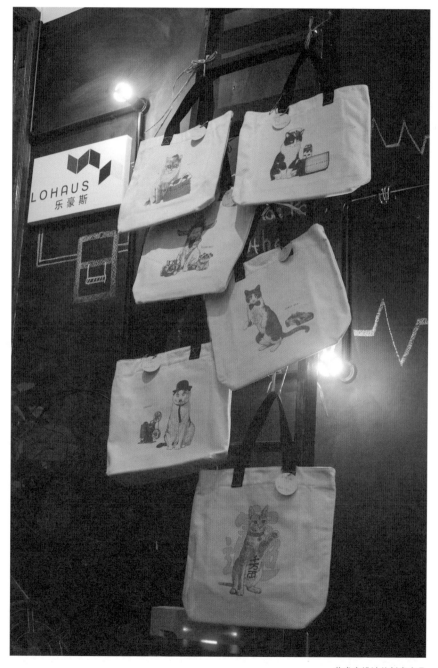

艺术家设计的创意产品

其他的合作伙伴

合作关系是在城市可持续发展的新经济模式下，企业成长和成功的基础。在乐豪斯，我们与有特殊技能和人脉的人合作。他们每个人都是"一家公司"，是自己所在组织的主要推动者，或者他们自己就是创始人或两者皆是。他们是新经济下有人脉的个体，为我们带来他们的个人技能，员工和合作者以及他们整个社交网络。接下来要介绍一些由非常有才能的人领导的多面组织机构，它们是我们社区商业网络的一部分。

中国地球小姐

作为主办世界四大选美比赛之一的"地球小姐"的主办机构是一个全球性的组织。它举办一系列区域性、国家性和国际性的选美比赛，挑选全球获胜者。不同于其他三个组织：世界小姐、国际小姐和环球小姐的选美，地球小姐是唯一将可持续性发展作为其关键的任务。庆祝选手的才能和美丽固然重要，但那些参赛选手为地球做了些什么实质性的事情，尤其被纳入了考虑和衡量范围。

中国"地球小姐"大赛是全国性的赛事，举办目的就是为了找到最能代表可持续性，最有魅力当然也最美丽的中国选手去参与世界决赛的角逐，以夺得地球小姐的桂冠。

乐豪斯和中国地球小姐选美比赛的合作契机要从中国地球小姐组织的负责人麦克·卢臣泰说起。他当时只是参加了我们的一次活动，刚刚对我们有所了解。也正是因此，我们之间的关系发展成了重要的战略联盟，并且一直持续到今天。

对于乐豪斯来说，与中国地球小姐合作在很多方面都非常有意义。

作为一个社会企业，我们提供活动项目以便参赛者们参与，以展示她们对可持续性活动的承诺。有些人可能会说选美比赛是用一种过时的性感方式来引起人们关注重要的全球问题，但是中国地球小姐竞赛力求做到独具一格，这有别于他们传统选美比赛的竞争者们，通过参与到可持续的事业中来以获得媒体的关注。

举例来说，对于我们的 LED 灯泡倡议计划，我们分发 LED 灯泡，回收旧灯泡并教育公众了解 LED 灯泡，中国地球小姐的选手们出席主要活动。对于乐豪斯，这帮助了我们认识更多的人并以一种更引人入胜的方式与他们互动。对于中国地球小姐，这是他们的选手获得直接与公众和媒体见面的机会，参赛选手作为活动的形象大使。两家都从活动的视频和照片中获得了公众关注，这也促使了上千人参与到了此次活动中来。

交叉推广的活动也经常性被我们两家所使用。对参加者来说，这营造出了更完整的活动体验和更好的媒体故事素材。

绿色倡议

当我被邀请在绿色中国（GDC）小组月度社交活动上讲话时，有人给我介绍了绿色倡议。我在我的第二本书《中国超级经济》中，谈到了可持续性发展的大趋势。正是一次命中注定的旅行萌生了乐豪斯的种子，旅行的目的地是距上海几小时路程的小地方——安吉。

2012 年 5 月的安吉之行是由 GDC 团队安排的，当时只有两个人——Nitin Dani 和 Irving Steel。安吉位于浙江，驱车从上海过去大约两小时。在中国，它以竹林闻名，它也因为一些功夫电影而享誉国外，最著名的要数李安拍的《卧虎藏龙》，其中一些场景是在安吉拍摄的。满是竹林的安吉是一个充满诗情画意的田园乡村，有着农场、小溪和曲径。

　　山脉上的竹林形成了一幅整年的丰富绿色背景，同时也给当地人供给食物和经济来源。可以吃的竹笋是当地美食的关键食材，它们也在稍远一点的市场卖得到好价钱。大的小的竹竿被做成了各式各样的竹制品，从竹扇到衣服到安吉价值最大的产业——家具和地板。

　　安吉也变成了一个生态城市，政府和百姓认识到自然对居住环境的重要性。GDC 小组被邀请去参观一个位于山旁边、竹林中央、有着大约 20 多间小屋的生态酒店。在同样的周末，一些 GDC 成员会做一些关键性的可持续发展倡议或实行方案方面的演讲，包括鱼菜共生、空气质量检测和城市发展。与此同时，我们一起徒步，一起吃饭，增进相互间的了解。

　　我被邀请在讨论会上做开场演讲，安吉政府的代表们也做了发言，主题是"生态意识的经济发展"。我的焦点放在了我 2008 年的第一本书中讲到的一个趋势，即中国越来越多的人开始旅行，寻找新的与城市生活不同的体验。

　　事实上，回归自然在国外已经兴起了几十年了，生态旅游并非一个新鲜概念。早在 2008 年我的合作者和我就发现了在中国的这一商机，因为中国的消费者变得更加富裕，他们的城市遭到了更多污染。他们当然想要偶尔逃离一下城市，并且也许会喜欢去一个自然且空气清新的地方旅游。

　　在那个周末，我们参加了一系列由 GDC 参与者及合作者出席的讲座。

　　Lynn King 做了一个关于鱼菜共生的演讲，她自己领导了一个食品安全的社会企业，名叫"鱼园"。鱼菜共生的概念就是鱼和菜可以一起共同生长，如今已成为乐豪斯可持续性战略的一部分。

"地球小姐"在向邻居老伯详细地介绍了 LED 的使用性能

乐豪斯与"地球小姐"共同组办社会创业家交流分享会

如今，周末关于室内污染物测量的演讲是我们对空气质量倡议的一部分，同时也是我们量化建筑战略的一部分，我会在接下来的部分做进一步阐述。

座谈会上谈到了远离城市，去一个自然放松的地方可以清理你思绪并让你思考新的方向。当我们回到上海后，我自己的生活开始转变并向新的方向发展，最终在一年后成立了乐豪斯。

这些早期来自 GDC 的影响在启发我创造一系列健康和可持续的现代生活原则方面十分重要。"绿色倡议"组织和它目前的负责人 NitinDani 也对乐豪斯这栋建筑的运营贡献了很多。我们与绿色倡议合作，一起举办活动，尽可能多地相互支持。

例如，我们联合策划举办了几场主题为可持续性经济的活动。这个话题是组织机构和创始人都感兴趣的，并且与我的关于中国经济发展状况的讨论小组联系在一起。可持续性经济的活动和可持续性经济的一系列讲座可谓是高朋满座，将来自这两组的不同人群带到了一起。

绿色倡议和乐豪斯也进行共同推广，通过偶尔的活动公告、社交媒体分享和其他形式的交叉推广来互帮互助，以使得我们的事业共同繁荣发展。

乐泰精品花庭酒店

作为活动场所，乐豪斯有一定的局限。它建筑面积较小，只有 300 平方米。虽然我们可以举办会议、演讲，并提供联合办公服务。但较大的会议或 100 人以上的活动就会相对困难。

我们对于这个问题的解答是要有一个合作酒店。但哪家酒店呢？上海有几十个高品质酒店，但我们发现其中很少有符合我们对可持续性发展承诺的。如果连续几晚都住在这个酒店，在你的枕头上和洗手

上图："绿色倡议"的创始人 Nitin（左）
下图：与"绿色倡议"共同举办的经济类的活动现场

间放一个小留言条，为了节约水提醒客房服务人员不要洗床单或换毛巾还远远不够。特别是当酒店提供成千上万小的洗发露和护发素瓶子以及其他用完就扔的瓶瓶罐罐时；我们还面临的一个问题，更大的国际酒店和他们的餐厅所用的肉和海鲜都来自全世界各个地方。总的来说，尽管酒店尽力做到最好，但它们还是不怎么具有可持续的特点。

对我们来说，当我们找到 Kenneth Yeh 时，选择本土酒店合作伙伴的事就变得容易多了。他是由我们的一位社会企业家朋友介绍认识的。喜欢被叫做 Kenny 的他，管理着乐泰精品花庭酒店，一个上海的经济型酒店，致力于将所有事情都做到具有可持续性。

比方说，乐泰是全世界最早将照明光源全部换成 LED 的酒店之一。你能看到如今任何一个城市的大部分酒店用的还是不怎么节能的荧光灯、卤素灯甚至是更传统的白炽灯。并且，它的所有房间也比典型的酒店房间要小，显示了对空间的经济型利用。他们的食物来源于当地，食物垃圾在他们自己的花园里被制成混合肥料。这家酒店的生态特点如此之多，我们难以一一赘述。但有两个特点脱颖而出。

其中一个特点，酒店是社会企业的强大支持者。酒店支持上面提到的由 Lynn King 经营的社会企业"鱼园"。她最先在 GDC 安吉之行中，启发我们了解更多关于鱼菜共生的知识。鱼养在池塘里，"鱼园"里种的植物和蔬菜又可供应酒店的需求。Kenny 也从社会企业那里获得食材，比如咖啡豆供应商 Cambio 咖啡，它采用的是直接贸易——从种植咖啡的农民那里直接购买咖啡豆。

另外一个特点，Kenny 在乐泰酒店举办一些社区活动帮助支持当地经济的发展，这也是我们乐豪斯强烈支持的。比如，每年乐泰都举办社区嘉年华，可以看到几千人前来欣赏来自当地学校和艺术家们的表演，也可以看到像"鱼园"这样的起到教育作用的合作伙伴，以及

乐泰酒店

像 Cambio 和几十个别的提供产品和服务的社会企业。

  乐泰和乐豪斯的合作首先是通过在彼此独自的业务中被对方列举为合作伙伴。例如：我们给彼此介绍客户。当一个客户用我们的场地举办小型会议、活动或团队建设时，我们可以提供在乐泰的住宿。我们也试着发起活动和倡议促成我们各自的目标。当人们问起我们放在窗台上的鱼菜共生演示装置时，如果他们想要了解更多，我们就建议他们去乐泰酒店看看更大的"鱼园"。

其他的合作者

乐豪斯与其合作者之间有正式的书面或口头上的战略合作伙伴协议，但同时也有数十个基于项目基础或更小规模的合作者，我们之间没有正式的协议。基本上乐豪斯的核心合作方式是尽力帮助别人发展他们的商业并希望他们能同时也帮助我们。或者我们看到有些人和组织机构尽力帮助了我们，我们同样也会尽力帮助他们。

从我们的艺术家朋友（他们一般是通过一次展出和我们合作然后继续跟我们在其他项目上保持合作的人），到跟我们共享桌子合作办公的成员。他们在这里进行辅导、培训、设计和其他工作，在此过程中介绍新客户，我们在乐豪斯帮助主持并推广他们的活动。同时也邀请他们在我们的活动上担任演讲嘉宾，包括你可能已经注意到的这一章节和整个书中的照片，我们在作品中突出他们。邀请他们活动的参与者到我们的活动和倡议中来，等等。

我在这里所描述的本土化经济是关于最先考虑本土化。将每件事都本土化或每样东西都从本地够买，在当地农夫市集买到所有你想吃的东西是不可能的。但相异于传统生态生活的倡导者，我们不会仅抓住纯本土化生活方式不放。全球化还是会存在，但它的重要性也许正在减弱，因为许多产业关闭外包工厂的目的是重返本国制造，这个过程也被称为"回流"。在我们自己的社区，对于我们可能做到本土化的方面，是时候重返本土社区商业的模式了；对于我们本土化经济做不到的方面，我们就通过电子商务来解决；对于我们必须拥有但又无法通过本土化商业做到的方面，则通过全球化商业来解决。

不论你是个人还是组织，本土化经济也是个不错的生意经，通过与就近且更容易合作的伙伴进行合作，有更快的运输。有时候，虽然不总是如此，产品价格也比从遥远地方运来的东西要便宜。本土化经济同样也意味着开拓与当地人合作的新型商业模式、新的推广渠道，例如通过各种活动来强调当地社区人与人之间部落式相互联系的这一概念。

在接下来的篇章中，我们一起将视线从商务与合作转到健康方面，这是每个人拥有更幸福现代生活的前提。

从今天开始做支持本土化经济的五件事

1. 在日常生活用品的购买中，开始运用本土化经济的思维：买当地产的时令水果和蔬菜，尽量避免进口产品。

2. 多在你的小区周围走走，关注下所有的小生意、小卖部、餐馆，提供专业服务的办公楼区域。使用他们的服务而不是在线购买。认识下店主、经理，支持当地的社区经济！

3. 开始使用分享经济服务，例如拼车、拼公寓，甚至拼餐。

4. 与其他和你志同道合的个人或组织合作，对当地经济发挥影响力。

5. 不要买一大堆东西，而是租、借、更新，再利用。

2
更好地呼吸，更好地生活

　　根据最新的联合国数据统计，我们越来越多的人生活在城市中，仿佛要将整个世界都城市化。受到新兴经济的推动，城市化率处于上升势态并预计会稳步增长。

　　城市本应该让生活更美好，但看上去似乎生活质量实际上在下降。城市的过度拥挤，大量的汽车尾气排放污染带来的空气质量下降，高房价导致贫富悬殊：新建高档住宅区的周围是破旧老式的平房，另外还缺乏报酬丰厚的工作。

　　城市的生活质量愈来愈下降，其中一个最根本的特征之一，尤其在中国，就是空气质量下降了。这个章节的重点是，你可以采取的一些措施来帮助提高空气质量。

　　在我 2003 年刚到中国的时候，我对这里空气质量的第一印象可以概括为糟糕。在浦东国际机场，我发现一走出机舱，天空看上去就有些灰色暗淡。对于土生土长在太平洋西北部的我来说，这种看上去像乌云密布的雨天，其实是 35 摄氏度的雾霾天，既炎热又潮湿。不下雨的时候，几个月都不见蓝天，灰蒙蒙的一片。

　　接下去的十年当中，我难得见到蓝天，除了离开中国去到别的地方，才被提醒天空本应该是有多美。虽然中国部分地区，比如有许多海滨旅游点的海南，有时候非常美之外，我渐渐习惯了雾霾是我日常生活的一部分。当然，上海的空气还是要比北京好，北京比我去过的几乎所有别的城市都要灰暗。可直到将近 10 年后我才思考了一些关于污染的问题。

　　正是那个时候，上海市举办了 2010 年世博会。世博会每年都会举办，但每五年举办一次大型的，按照惯例，每次都会选出一个主要国际目的地。世博会对中国来说是非常重大的事件，上海作为代表城市也把它看成重中之重。被选中作为主办城市对于中国人来说意味着他们的国家已经登上了世界舞台。这也向世界展现了中国崛起的力量，中国作为产业龙头吸引了从游客到外资所有的一切。

　　2010 年世博会的口号是"城市，让生活更美好"。这个口号旨在传达对城市化质量而不仅仅是数量的承诺。在六个月里展馆都在展出一些中国最佳的清洁技术，如何在"后世博时代"延续世博的价值，以提升上海世博会的巨大影响力，是值得令人深思的后世博效应。现实是，在世博之后鲜有一些生态建筑措施在实践。许多展馆或被闲置，或被拆卸了。空气质量看上去似乎越来越糟。

上海 2010 年世博会给我们留下的是世界级城市交通运输设施，并且在 2010 年的一小段时间内，城市的居民和游客享受了大约 6 个月的清新空气，因为附近的部分工厂都关闭了，发电站也不发电了。也许这对我和这本书来说，在世博会工作的这段时间带来的是一些启发，让我开始思考更多关于中国在全球环境可持续发展方面所扮演的角色的问题。

中国的双城记

在我生活超过 10 年的上海，糟糕的空气质量来自多方面原因。这是如何发电的结果——主要通过燃烧化石燃料——以及上海周边工厂（作为长江三角洲一部分）的排放。长江三角洲地区，大约相当于加利福尼亚地区的四分之一，却有着三倍的人口，是世界上人口最密集的地区之一。对于一个较小的区域范围，这个用电需求量相当大，工厂的数量也相对较多。上海人均 GDP 的增长和人民的富裕导致了道路上车辆的增多，对长三角的 22 个城市来说，也是如此。呈现出一片个人财富兴旺之象。对于这样的问题，许多企业与组织也在积极尝试解决方案。在我写这本书的时候，为了收集更多的信息我去了长沙的远大集团，深入考察当时褒贬不一仍在建造的"小天城"，在整体性环保节能标新立异的基础上，人口密集连带产生的问题或许也能被合理解决。如何实际运用到其它城市与地区还需要相当多的数据与实验。

我在市中心酒店六十多层的房间看上海，房间里放着"自由呼吸"的告示牌

　　2008 年北京奥运会期间，污染控制包括工厂搬迁、削减产量、减少排放和每日的车辆限行——所有这些在降低污染水平上都产生了积极效应。可是奥运会一过，污染就卷土重来并比从前更糟糕。

　　中国主要城市的空气质量状况从某种程度上来说具有中国的独特之处，但这并不意味着其他地区可以忽视空气质量的挑战。正如我们从全球大气研究中获知，从臭氧层到平均温度到各种各样的污染量，空气问题是我们每个人的问题。

　　在关于城市生活应该如何的这场辩论中，这就是为什么中国和它的一些城市必须成为这场辩论中至关重要的一部分的原因。中国所占的污染和经济比例之大，意味着在中国发生的也会延伸到世界其他试图效仿中国或与中国竞争的地区。因此，仅仅在别的城市过一个更好质量的生活不代表那些已经适宜居住的城市可以高枕无忧忽视其它城市的问题。相反，他们应该分享最优的经验并伸出援助之手。

在乐豪斯，我们的挑战来自对立一方。我们已经位于中国最大的城市——上海。我们要尝试做的，首先是确定这座城市面临的最大挑战，其次是结合上海的特点对症下药。我们接连受到来自全世界最佳方案的启发，但同时也不会忽略中国国内来自上到宏观经济趋势下到个人层面的想法。

双国记

在有些国家例如荷兰，那里的自行车比人还多。2014 年，首都阿姆斯特丹道路上的电子交通工具比中国的电子交通工具还多。一个热爱自行车的国家荷兰是怎么成功转型为清洁交通系统的国家，而另一个以前有最清洁的交通系统，并有自行车大国之称，基本上没有汽车的中国，怎么会变得完全相反呢？

答案的一部分是生活习惯和形象。在中国，汽车被尊崇为新的社会地位象征，它象征着财富。而自行车则被中国的年轻人嘲笑，他们甚至说"宁愿在宝马里哭也不愿在自行车上笑"。在荷兰，我所交谈过的很多人都强调决心要使用更清洁的交通工具，这是生活方式和形象的选择。在这种情况下，他们想要一个可持续的生活方式并对环境产生积极影响。

观点的不同之处就是问题和机遇之所在。因此，首先当我们尝试做出更具城市可持续发展的选择时，我们必须懂得不论是在中国还是在别处所面临的一些最大的挑战。其次，问题是怎样通过一种对可持续发展有积极作用的方式来改变人们的行为。这是关于做一个我们能令人欣然接受而不是叫人奚落嘲笑的选择。选择如果不具吸引力，没什么人会去采用。

中国综合征

我特别想来谈谈中国在空气质量方面的挑战。首先，是因为乐豪斯在中国，因此它的焦点也在中国。第二，乐豪斯在上海这座城市。这个城市在过去几年中，污染水平和其致富的速度并驾齐驱。换句话说，当人均 GDP 增长了，污染水平就更糟糕。这与一个传统的经济智慧相矛盾，那就是随着人们越来越富裕，他们要求一个更好的环境，为了自己也为了他们的后代。

可以说上海人民是想要一个更好的环境的，当然市政府也做出了一些改善环境的努力，但是城市经济发展得如此之快让环境状况每况愈下。如果传统经济的智慧是真的，你或许可以期望人们搬离，去别的地方寻求一个更高质量的生活。有些人的确这么做了，但是更多的人涌入城市中寻找机会。所以城市人口继续扩张，从 2001 年到 2011 年，人口普查表明扩张了几百万人口。

这种矛盾之一很少能在其他地方看到。住在像上海这样的中国大城市并选择待在这里，不管是不是这个国家的人，看在经济发展的份上，都不惜牺牲自己的健康。

我认为聚焦中国，这个处于空气污染战争最前线的国家，其重要性的第二个原因是，我亲眼目睹了中国几乎已经在所有清洁能源的生产设备、安装和使用方面都是世界的领跑者。这就是为什么全球对中国污染的谴责让人惊讶的原因，毕竟中国在这场污染"战役"中贡献了许多。显然中国不会不战自退，但迄今为止它在很多场"战役"中都失败了，因为世界还是有对廉价产品的需求。同时，像美国这样的国家持续对所有物品征收关税，如太阳能电板，导致其价格上涨，从而令它的使用率在美国偏低。它已经是继中国之后第二个污染大国了。因此，可以说中国在这场污染战中又多了些"同盟国"。

有人也许会提出征收关税的原因是，如此一来美国制造商就能够跟中国制造商站在同一点上公平竞争。但关税的本质是带有惩罚性的。远远超过了在美国的太阳能行业，美国本土和外资公司运营上有的和应该有的需求。最先对中国产的廉价太阳能电板提出控告的实际上是由一个德国公司在俄勒冈的子公司所发起的。此外，石油和天然气的游说团体和公司大体上似乎是支持清洁能源的，利用游说团体和智囊团做出反对例如净用电量计费的报告。举例来说，这个规定是消费者要付他们买的电量和他们从自己屋顶分布式太阳能装置卖的电量相同的费用。这些智囊团通常有像科氏工业集团这样的公司支撑，它们在维持化石燃料现状上拥有极大的利益。

所以，现在我想将目光转到对更好的城市空气质量的需求上来，以及我个人还有乐豪斯在提高空气质量方面的一些努力。从我们在上海做过什么讲起，以及我们希望大家作为个人或企业能做什么。

根据世界银行数据库的数据显示，世界上 20 个污染最严重的城市有 16 个在中国大陆。很明显，中国的污染问题非常之大。

问题的一部分是中国的电一开始是怎么来的。中国的发电 80% 来自煤，10% 来自石油，其余的来自非二氧化碳排放源，比如水力发电、核能，和小部分的风能及太阳能。"小"是相对于中国总体能源需求来看。正如我们接下来将要看到的，比起那些其他国家，中国在清洁能源方面的努力十分关键。

第二个主要挑战是中国的经济发展仍以每年 7% 或以上的速度增

长。这就意味着，简单来说，中国每年对能源的需求也要增长 7%。那就表明，除非效率急剧提高，否则随着经济增长的持续也会需要更多的电量。鉴于中国宣称要保持 7.5% 的增长作为国家的五年规划，这个局面势必到来。然而，建立清洁能源的速度不及经济发展的速度。这就意味着要烧更多的煤。除非有严格的法律要求没收碳，公平来说，除了一些试点项目，全球没有国家这么做。燃烧化石燃料导致污染的问题对中国和世界来说会愈演愈烈。

另一个中国城市空气质量不断下降的原因是，在全国范围内尤其是较大的城市中心地区，路上的车越来越多。中国以每年大约 2000 万辆的速度在新增车辆。这包括 1300 万辆汽车和其他 700 万辆包括公交车、卡车和特殊车辆在内的交通工具。令人担忧的是中国比其他国家的人均拥有车辆少得多。这样的发展潜力刺激着汽车制造商，但也应让人畏惧——特别是在预期的经济增长中，如果中国在下一个十年到二十年间，每年都继续新增车辆的话。尽管更新型、更高效燃烧的引擎和催化转化器有助于减少污染，但中国还是有上千万老式车辆在靠汽油或柴油驱动。

作为国家经济发展目标的一部分，中国正大力投资电动汽车技术。在总的车辆销售中，电动车目前的销量是最少的。中国国内汽车制造商之一的比亚迪第一年销售的全电动车 E6 总数还不到 24 辆。但说到电动车，情况还不是完全糟糕。比亚迪与戴姆勒 - 克莱斯勒建立了一种新的合作模式，基本上每个制造商推出新电动车到市场时，目光都投向中国。其中一个取得长足进步的领域是对交通工具的更新。举个例子来说，当我 2003 年到中国的时候，上海城区的公交车沿路行驶的同时也沿路喷出黑色气体。现在，它们大多数已经被替换成了使用电池和燃料电池的大巴。一批排放最脏尾气的公交车已不再使用或卖到了其他更偏远的城市。

最后，不幸的是，要记住任何燃烧的化石燃料都会产生二氧化碳这点很重要。即使是清洁能源型交通工具，它们还在使用电网提供的90%来自燃烧化石燃料的电力，因此它们仍要对大量二氧化碳的排放负责。

考虑到上述情况，个人在提高室外空气上最佳的策略是减少电的损耗使用，这能在家或办公室很好地实行，我们的努力会放大到与我们共享这些空间的人。这其实是下一章功能性整体建筑的主题。对于本章，我们还是首先谈谈你作为个人可以怎样来提高你周围的空气质量。

更好的空气

你呼吸的空气是维持生命最根本的需求。你一个多月不吃东西，一个多星期不喝水可能生存下来。但如果没有空气，你只可能活几分钟。但是不是有些空气比别的空气好呢？

我所定义的好空气是自然的空气。自然的意思是没有人类活动时空气是怎样的就应该是怎样的。换句话说，这种空气里没有额外的，从大量的烧煤发电或烧汽油给车提供燃料中而来的二氧化碳和其他污染物。

如我们今天所定义的，空气中原来就有而且总会有各种各样不同量的污染物。在遥远的过去，那时候还没有人类制造的燃烧化石燃料，空气里仍可以发现百万分之一的二氧化碳和二氧化硫，但这些是自然现象导致的，如闪电引发的森林起火，或者是火山喷发到高层大气中的二氧化硫。当人类的活动开始包括了燃烧植物，情况就转变了。从最近在印度尼西亚砍伐热带雨林以用来种植如油棕树的单一农作物，到传统的如来自甘蔗或稻米残留物的农场垃圾处理，通常都是做燃烧处理，这样一来释放了它们储存的大部分或全部的二氧化碳。这些农作物随着全球人口的增长也在不断增加。真正加大污染的是在工业革命时期和后期，我们对化石燃料成倍地大规模使用。

然而，我们的星球有不同的机制来清理这些污染物，使空气质量保持一个平衡态从而让生命生生不息、繁荣兴旺下去。比如，对于二氧化硫和其他大气中的颗粒物质来说，清理机制就是降水。将水和其他高空中的大气分子混合，二氧化硫最终变成液体硫酸，造成高度酸化的雨，就是我们知道的酸雨。

当这种酸雨程度较轻且不频繁时，地球能有效地清理大气中的微粒，土地和江河湖海能够吸收并削弱酸雨的危害。世界生态系统还是能处于平衡状态。然而，若现代人类活动不断增多，更高的酸度最终超过了地球的负荷及它调节平衡的能力时，这就会对地球生物和地下水质产生严重破坏。

当谈到其他空气污染，许多人会认为二氧化碳是污染物。然而，二氧化碳正如二氧化硫和其他化学物质那样，其实是自然存在于空气中的，一直以来都是。只是因为近几十年来人类发电和生产加工的增加才导致二氧化碳增多。全世界范围内的科学家几乎一致认为二氧化碳量的增高是因为人类活动燃烧化石燃料和植物所导致的，并且也是因为它造成的所谓温室气体从而使平均气温升高。这个因果关系也是我们所熟知的气候变化，二氧化碳成了头号全民公敌。

然而，把二氧化碳当作污染物对发展中国家来说则过于奢侈。除了像逐渐被升起的海水所慢慢覆盖的毛里求斯这种发展中国家之外，大多数新兴经济主张发展是它们的权利，不管它们怎么获得能源。新

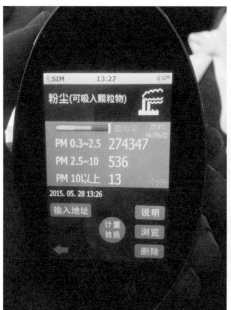

使用空气净化器前家里的污染指数，第一
次发现家里的污染比室外更严重

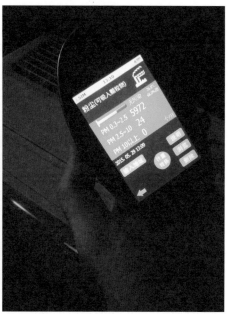

使用一段时间后，再次测量空气中的粉尘颗粒数，惊
讶地发现已经降到了基本无污染

我们在每一层放了一个空气净化器，两年
来运作得很理想，也起到了教育作用

兴经济通常忙于考虑致癌的 PM2.5 颗粒——污染的最小粒子，它可以穿过我们的肺泡并进入到血液——或者更大的 PM10 污染物，甚至是例如在空气或水中，像苯这样有毒的化学物（一般来自糟糕的生产监管）。对于新兴市场的消费者来说，二氧化碳是最后再被思考的问题，如果他们有想过的话。

也就是说，中国沿海的一些城市是 1000 万或更多人口的家，包括上海、天津、深圳不能承担海平面所带来的风险。因此中国考虑到自身问题，正在采取行动。

这些所导致的就是，作为个人，你对室外空气质量几乎没有一点控制能力。事实上，为了避免室外各种程度的污染，你只有一些选择。

举个例子，你根本不能外出。你只能在污染水平低的时候才能外

抽出空气净化器里面的过滤网，厚厚的一层灰让人触目惊心。这就是我们室内的空气！

出。你可以像许多中国城市居民那样，出门戴口罩。你或许也可以采取极端点的措施，比如从空气质量糟糕的地方搬走。如果这些策略不算是最理想的话，它们也算是切实可行的。直到人们可以通过全球协作来解决更大的空气污染问题以及通过使用更多的清洁能源和电动车，那么这些就是我们当前所面临的问题。

更好的室内空气

幸运的是，对于室内空气质量，问题更容易被解决——不只是关门关窗，有可能的话将它们密封。密封的窗户和门实际上非常节能，但问题是仍需要通风。对于室外来的新鲜空气，主要的策略是采取人工和自然的过滤，以及首先把有毒气体挡在室内环境之外。

首先，谈到人工过滤，从开始用空调来部分过滤掉你室内的空气谈起。空调的过滤网并不是特别好，但它们也能过滤较大的颗粒物质并减少屋内灰尘。这是一个不错的开始，但很多人为了节省，觉得关掉空调打开窗户是更好的省电方式。然而事实是，这也许仅仅只会在今天节省一部分钱，但很有可能是以你明天的健康为代价。买一个评价最高的节能空调，具备更高质量的过滤网，并勤换洗它从而保持效率，这些才是应对担心并有助于降低能源的策略。

室内空气净化的第二级是每个人都应该使用一台独立的空气净化仪。室内空气过滤器会比较贵，但如果二选一牺牲你的健康，似乎现在花些钱买过滤器比以后生病还是要好。想想你、你的孩子、你的宠物和去你家拜访的朋友，按你觉得重要的顺序排序，都可能令你觉得需要时还是要花高的价钱买一台空气过滤器和替换滤芯。

替换滤芯就像喷墨打印机的墨盒——是空气过滤器制造商的利润中心并比他们实际的价格要贵。这就是为什么现在有所谓的点对点设

鱼菜共生系统

计和开源空气过滤器，凭此你在网上购买部件并遵循一个简单的结构图表自己来组装。我见过的最简单的设计用到了一台大马力的电扇，配有分别买的 HEPA(高效过滤器) 并用一个简单的安全带连接在电扇前面。当打开的时候，空气从过滤器中被吸进。它也许不能带走许多污染物或完好地被封闭。但根据"自己动手族"发布到网上的简单研究来看，这些手工的空气过滤装置相对于专业的 99% 或更高的过滤效果，可以带走超过 90% 的颗粒物质。虽然少一点点的效能，但它们比专卖的替换滤芯这种独立过滤装置要便宜得多。

第三个策略，这属于自然过滤类别，就是通过室内盆栽。不论是在室内放一盆什么植物或作为在本书其他地方谈到的鱼菜共生系统的一部分，植物对任何室内过滤系统来说都是至关重要的一部分。

20 世纪 60 年代，当载人空间探索启动时，研究开始涉及大气质量和不同种类植物生长之间的关系。20 世纪 70 年代，探索工作延

在每次的展会上，我们都会将竹子制的环保筷赠送给大家，用以推广健康生活理念

伸到研究太空实验室的空气质量方面，NASA（美国国家航空和航天局）的研究人员确认了超过一百多种目前在太空站上存在的挥发性有机化合物。挥发性有机化合物是基本的化学物质，有较低沸点，因此很容易蒸发到空气中。挥发性有机化合物包括相对良性的化合物，比如植物的香味，还有类似苯这样的危险化学物。室内空气中过多的挥发性有机化合物，比如刷油漆，使用溶剂和强清洁剂时，会使住在楼里的人感到头晕和不舒服，这是一个被叫做病态建筑综合征的状态。NASA研究发现一些植物能带走空气中特定的有毒气体，某些植物比另一些植物更有效。如今，这项研究让我们获益的是通过挑选一些常见的植物放在家里以提高我们的空气质量。

　　建筑中放植物还有许多别的益处。当然，有些植物能吃。植物茂盛的深绿色叶子给室内增添了一些生气。屋顶和墙壁上的植物能保持建筑的凉爽。唯一一个不需要室内植物的原因可能就是担心过敏反应或虫子。尽管如此，这两种情况都可以由所选的植物以及你关心它们的程度来决定。所以在乐豪斯，我们总是有许多种在室内和室外的植物，包括可食用的植物。它们是我们健康的当地生态系统中非常宝贵的一部分。

避免有毒的室内空气

清洁空气可以被认为是回应式的策略。那就是你通过空气过滤器和植物来清洁空气从而应对不健康的空气。一个稍微主动的策略则是一开始就避免把有毒污染物带到你的建筑中来。

一般而言，使用更健康的材料意味着使用有机材料，比如木头、竹子、石头和金属做的东西，还有穿棉质的衣服，避免塑料和化学纤维制成的东西。

选择自然材料的一个原因就是它们在其生产过程中使用较少的化学物质。然而，那并不是说它们无化学物。比如通过扁平盒装组件家具（类似宜家家具）释放到室内空气的有机挥发物，或者是那些劣质油漆、溶剂和胶水，浓度大的时候非常危险。

另一个有毒化学物质进入我们建筑中来的途径就是当人们抽烟的时候，不论是抽香烟还是雪茄。我们在乐豪斯举办的最具争议性的活动之一就是对电子烟的推广。电子烟是一种电子设备，可以汽化含尼古丁的液体供吸烟者吸取。

为什么电子烟有必要？

首先，让我澄清下我们乐豪斯的立场是不吸任何烟才是最好的选择，不管是传统烟草烟或是电子烟。不吸任何香烟、雪茄或电子烟对每个吸烟者和整个社会都有最大化的健康益处。

然而，我们知道全世界有超过 10 亿的烟民，中国就占了 3 亿 5000 万。我们也理解尼古丁让人上瘾的特性。吸烟是获得尼古丁最容易最普遍的方式，所以导致有些人很难戒烟。由于这个原因，我们开始调查一些通过替代烟来减少世界烟民影响自己、他人，以及整个社会健康的方法。

中国正面临的公众安全危机在规模上是前所未有的。最近的研究表明，肺癌对中国男人来说是最大的杀手，对女人则是第二大杀手。直接吸烟或者吸入二手烟至今都是引发肺癌的主要风险因素。据研究，吸烟要对全国 87% 的肺癌病例负责。在中国，肺癌率在过去的 30 年里增长了 465%。这 30 年也是经济显著发展的 30 年，让几亿人脱贫的 30 年。这就造成了经济发展和公众健康之间非同寻常的矛盾。

此外，世界烟民几乎三个当中就有一个是来自中国的，但世界人口六个里面才有一个中国人。这表明在其他相等的条件下，中国的吸烟率比我们想象的要大得多。如果这种局面继续下去，到 2025 年，中国也许每年会有多到两百万与吸烟有关的死亡。

当然，伴随吸烟一起的其他污染形式也促成了癌症病发率的攀升。在中国，不断出现的证据表明，来自工业和能源生产的空气污染也是导致癌症率上升的原因。我们通过推广空气过滤器和植物的使用来净化室内环境并去除有毒污染物，对于室外空气质量，避免在污染天出门并使用口罩从而应对上述的健康问题。

对于吸烟，尽管有很多媒体关注，全球范围内仍有许多人没有意识到吸烟的危害，特别是二手烟对他人的影响。许多经济发达国家的法律禁止在所有公共场所吸烟，包括餐馆、酒店甚至酒吧。

中国在对公共场合吸烟的控制方面正逐步严格起来，但执行力度相对于许多其他国家来说还是滞后的。我来自加拿大，在那里，对在非吸烟者身边吸烟的情况是零容忍。当我2003年初次来中国的时候，看到那么多人在那么多地方吸烟，我震惊了。我在医院看望病人，病人家属居然在病床旁边吸烟，有时候，病人甚至自己在床上吸烟！最近，我去了一些宾馆和酒店，那里都有明显的"请勿吸烟"的牌子和禁烟区域，但人们仍然吸烟。甚至在今天，当法律有明确规定的时候，人们依然明目张胆地违反它们，机构场所的管理人员也置若罔闻，因为他们害怕影响生意。

在许多酒吧和餐厅，情况正好相反。一些餐馆有明确的禁止吸烟规定并对违反者零容忍，这些餐馆开始变得很受欢迎，因为非吸烟者时常为了"躲避"别处的吸烟污染而光顾它们。酒吧的运营也不错，只卖酒而不允许人们抽烟。许多加拿大城市在冬天十分寒冷，吸烟的人总是被同情，因为他们要在天寒地冻的室外才能过一下烟瘾。在日本，体贴的市政府建立了室外吸烟亭，在一定程度上提升吸烟者舒适感的同时也缓解了非吸烟者在街上看到有人在附近吸烟时的恐惧与不适感。在日本，边走路边吸烟是不被社会接受的，虽然偶尔有些人仍这么做。

然而在中国，尽管所有的法律约束和民众意识正在日益提高，为什么还是有这么多人继续吸烟，甚至在公众场合，如餐馆，甚至在有孩子和孕妇的场合下？

一个原因是吸烟已经变成了文化和交流的一部分。见面时，男人也许会给对方一根烟以示礼貌，为另一个人点烟以示尊重。送礼送香烟是一个既简单又实惠的方式，以表达对某人为你所作努力的感谢。坦率地说，在中国，吸烟仍被看作是很男人的举动。

电子烟只是权宜之计

然而对此问题的一个全面解决方案需要经历很长一段时间，个人吸烟者可以选择是抽还是戒。然而，很多人发现戒烟实在太难，对尼古丁无法抗拒。所以就有了时不时休息一会儿抽根烟的习惯。最后就是来自同伴的压力，当他们在你周围抽烟时你却试着戒烟。

现在有了另一个解决方案：电子烟。

电子烟是一位来自香港的中国药剂师发明的，它的不同之处就是它们不燃烧烟草。相反他们使用电池和加热体让尼古丁和其他化学成分汽化，然后通过一吸一呼跟吸传统香烟一样。电子烟大多是中国制造，但大部分目前都被出口，尽管中国是全世界最大的香烟市场。

电子烟跟香烟的外形和感觉很像，但可以使用少得多的化学成分产生尼古丁。因此，吸烟最主要的危害之一，吸入大量有毒化学成分的量大大减少。同样地，比起吸入烟草里那些含有相同化学物质的二手烟，吸入电子烟的二手烟对其他人的影响也一样减少了。当然对二手汽化吸入影响的长期研究还在进行中。

此外，对这种上市时间仅 10 年的新产品，作出电子烟更健康以及能降低癌症率等结论，为时尚早，还需要长期的研究。然而，在短期内，那些抽烟并尝试过电子烟的人可以提供一些证据，表明减少烟草的吸入对他们的肺部健康有好处。吸电子烟的人，被称为 vapers，他们宣称能够更容易地呼吸和锻炼。另外，还有一个好处就是电子烟减少了烟草的味道，因为它没有天然的味道，仅仅是添加的如薄荷、芒果、绿茶，甚至还有人工烟草的味道。

在乐豪斯，我们用的一种电子烟叫 QT2（意为今天就戒烟），发起人是一位名叫 Mario Cavolo 的美国人，他是一名转吸电子烟的长期

Mario 不仅是 QT2 电子烟的发起人，同时也是一位作家，一位钢琴家

吸烟者，创造了自己的电子烟型号和品牌，并在中国制造。在乐豪斯，我们将这种电子烟提供给仍在吸烟但想更健康生活的客人。然而，我们仍要求他们在外面吸，除非是 QT2 的电子烟宣传活动。

因此，如果你不抽烟，那就别尝试电子烟也别开始抽烟。如果你确实抽烟，试着戒掉。如果你戒不掉那就换电子烟，前提是仔细认真地考虑一遍你自身的健康状况，最好先咨询医生。你不吸烟的朋友或家人很可能会感激你，你也会因为更好的空气而享受更好的生活。

　　本章讲的全是关于将室内外空气质量作为你健康和可持续城市生活方式的重中之重。我强调了为什么空气污染是我们当今社会的最大挑战；为什么作为个人，这是你首当其冲要关心的问题；以及作为个体你怎样对自己的空气质量负责。

　　我还没有谈到更大更多有影响力，可供社会来提高其空气质量的方法，包括更高效的节能，更多的清洁能源等等。这些是下一章的主要话题，我将会介绍功能整体性建筑概念以及它对健康和城市可持续发展方面的影响。

五种提高目前空气质量的方式

1. 放更多的室内植物在房内，特别是在 NASA（美国航空航天局）单子上列举出来的"宇宙空间探索友好型"植物，吸附有毒气体的效果特别好。

2. 如果室外空气污染水平较高，在家利用空气净化器是不错的主意。净化器不一定价格不菲；可以购买一个风扇加一个通用的过滤网，自己动手拼装起来。

3. 鱼菜共生(养鱼和种植相结合)是在室内快速种植植物(或蔬菜）的方式，植物生长的同时也能帮助调节室内二氧化碳水平。

4. 要格外小心新家具和新粉刷中释放出来的挥发性有机物。购买最好是由可持续材料制成的二手家具。使用标注了可供室内使用的健康油漆／涂料。

5. 如果你或你周围的某个人吸烟，试着戒烟，或者转为吸至少含较少化学物质的电子烟。

3
零碳建筑

　　对有些人来说，"整体"这个词有一个并不完全积极的新时代含义。它和整体医学相关，有些人觉得它缺乏实证的科学基础。我来中国后，更深一步了解了中医的概念。中医被认为是采用整体论的方法来关心人们的健康。中医的治疗时间或许更长但总体上入侵性较小。有时候，中医包涵治疗身体内"气"或能量的不平衡，这种不平衡不能被直接觉察到。虽然在我研究功夫和风水前就多次接触到了这个概念，但我对医生一开始就宣称他了解我的"气"的说法心存怀疑。然而，很多

次不同中医的治疗都成功地治愈了我的疾病，这让我意识到这其中肯定有些奥秘。当然，它并非是万灵药。现在我的个人保健是采用中西医结合的方式。

此外，我逐步意识到防患于未然的健康保健不是只看病症发作时的治疗，而是要看整体健康状况。这种整体论方法，我觉得也可以运用到我们生活领域中的方方面面。特别是我们怎么生活、工作以及在现代化建筑里的社交。这是本章的重点。

乐豪斯这个概念同时受到"乐活"（一种健康和可持续的生活方式）和包豪斯（在前面介绍部分已解释过它是 20 世纪 20 到 30 年代德国的建筑和设计运动）两者的启发。

我在乐豪斯所建立起整体功能性建筑的这一理念是对包豪斯原则的延伸。也就是说，考虑到建筑及其使用者，它所在城市中的位置和它与周围环境的关系——从而形成比单纯部分（建筑、使用者、建筑所在位置及周围环境）相加更大的整体。

这个方法包含了利用你的生活方式和你所生活以及工作的建筑来减少对环境的影响。包括通过能源效率，改变你根本的能源需求并生产自己的清洁能源。用这些让自己和社会中其他人都受益的方法减少浪费，节约能源。

减少能源浪费

自开始我们的乐豪斯使命以来，我们总是把减少浪费排在首位。这包括像垃圾这种实体浪费和能源浪费，指的是无效或不必要的能源使用。这里我们着重来看能源浪费。

在乐豪斯，我们尽自己最大可能借鉴来自全世界可持续建筑中最节能的技术和措施。想要保留这栋 20 世纪 30 年代楼房的独特历史建筑遗产和上海特征，的确是个挑战，然而既提高能源效率又提高其舒适度也是艰巨且激动人心的任务。

我们同样也希望结合每个人对时间、预算和能力的想法及特点。我们有信心这些想法不仅能帮助我们的城市变得更适宜居住和更舒适，也能让人们在经济上负担得起，在某些情况下，显著节约开支。因此，我们鼓励公众通过我们的宣传在自己家和办公室做出一些类似的改动，作为整体现代化建筑战略的第一部分。

所以接下来的四个想法是每个人都可以用到的。从而减少在家、办公室或任何你活动的建筑内的能源浪费。

铺隔热地毯

乐豪斯所在的是一栋 20 世纪 30 年代的上海建筑。木质地板看上去好极了，但也让过多的空气——噪音在地板间的缝隙中流动。

我们把具有隔热性并且是本地生产的可持续的竹麻纤维铺在房间和走廊的木地板上。这就让空间在冬天更暖并能减少屋内每天的噪音，一整年下来效果都非常好。

装隔热天花板、屋顶平台和底层地板

在漫长的上海夏日，我们面对的最大一个问题是天花板和屋顶平台会变得非常灼热。空气温度高达 38 摄氏度或更高，瓷砖屋顶的表面温度甚至能达到 55 摄氏度。你都可以在上面煎鸡蛋了！石砖屋顶位于一个轻制石膏／木龙骨吊顶之上，这就让人感觉顶楼像一只火炉。如果在这些高的楼层不开最大档的空调，它们几乎是不能住人的，但这样就会花费很多钱。而在冬天，地板又冷得刺骨。

我们与巴斯夫和其中国地区经销商之一的上海大道合作，在天花

原先屋顶上铺着的是非常导热的瓷砖

在瓷砖上直接铺上隔热材料留出空隙，最上面铺上回收来的户外旧木地板。
通风好，隔热也好

板上，新的木质平台和翻新铺上的天然木板下（部分用了水泥修葺并
密封来防止以后可能产生的水渍）铺上了 Neopor（石墨聚苯乙烯泡沫
板）保温材料。

结果是可观的。在冬天，顶层和底层的地板既保暖又舒服。在夏天，

左：改造前的老虎窗
右：改造后的三层隔音隔热窗，外观上不仅保持了美观，而且大大提
升了实用性

整栋楼都很凉爽。木质平台看上去也很棒。只是别试着在它上面煎鸡
蛋了。

三层玻璃

窗户的使用效能来自它的厚度和玻璃情况，同时也取决于窗框的
密封性。除了未绝缘的天花板和地板，窗户是下一个造成冬天热量损
失和夏天热量积聚的最大原因。乐豪斯这座 20 世纪 30 年代的上海建
筑旧式的窗户玻璃很薄，还漏风，并且没有什么噪音隔离装置。让人
颇为惊讶的是，水泥和砖结构的窗框之间根本没有密封胶。随着大气
压力的影响，你几乎可以感觉到风吹进吹出。

为了不丧失古董窗户的经典外形，我们将它们保留了下来，然后为它量身设计一个手工的双层窗户，接着把这个双层窗户合适地安装在了窗框里。结果如何？实质上就是一个自己动手制作的三层玻璃。现在的乐豪斯窗户提供了绝佳的隔音和隔热功能。尽管是量身定做的古董式风格，价格却比工厂生产的窗户便宜不少。因为这些都是出自一位邻里作坊主人之手。

耐风雨

每座建筑都会漏风。有些是设计需要，让空气可以在天花板和地下室之间流动，这样就避免了因潮湿累积而造成的发霉。有些则是因为使用的原因，例如向外开的门。不使用气塞的话，想百分之百减少漏风几乎是不可能的，但是如果屋子里有些地方一年中365天都在整天漏风，这就会降低能源使用的有效性和楼里的舒适感。

许多漏风之处都是在楼里打孔的框架周围发现的，比如门和窗户的框架。举个例子，要达到水泥和金属间完美的密封是非常难的。自从人类开始居住在人工住宅里，不同温度和潮湿度下不同材料的天然胀缩对房屋修建者来说都是个棘手的问题。

在夏天，你可能开窗或开门，让凉爽的空气进入到室内。但如果你在炎热的天气下开空调来使房间降温，那么应该关上门窗。否则，门框和窗户边框周围的漏缝就会让热空气从外面进来，降低我们建筑能耗的有效性。反之亦然。这取决于气压。在冬天，由于漏风，相反的问题会出现，也就是冷空气会被吹进来。

楼里可能还有别的漏风之处，比如电线、电话线和空调管。密封得不到位，这些漏洞让大量空气进入或流失，增加了我们账单上的金额，减少了舒适度。

2013 年刚开始的时候，这也都是我们所面临的问题。

简单的解决办法是做耐风雨处理，基本上就是密封所有的漏洞。首先，你必须确定空气是从哪里进来，从哪里溜走的。这可以通过多种工具的结合来办到。最简单的办法是借用一炷香，点燃并移动它，它的烟会飘向任何一个漏风的边沿处。如果你发现了烟飘向的明显变化，那就是漏风的信号。一个更技术性的方法是用红外光谱热分析工具，比如能看到热量信号的照相机。有热量的区域通常编码呈现红色和橙色，较冷区域的编码通常呈现蓝色或绿色。中间的理想温度是一系列颜色。使用这种装置来看一扇窗户会显示明显的不同色带，表明温度的差异。

理想的情况是，一扇门或窗的颜色应该和周围的墙和窗框颜色一致。如果你使用的是没有隔热性能的单一窗格，热量读数基本上会显示出窗户和室内温度的不同。如果你使用的是双层或像我们在乐豪斯里用的这种三层玻璃窗格，那么你会在度数上看到少得多的色差，因为内部的窗户与楼内温度很接近。

一旦你确定了漏风处，它们就需要被密封。

有很多密封的方法可供选择，取决于你要用哪种密封材料。你也许用硅胶或胶乳填缝，大一点的漏洞可以用泡沫隔热使其扩大到缝隙之中，然后用石膏板盖住。空气实际上是最好的隔热材料，所以如果你能把一些空气引入到漏洞内然后再封住，这样问题就解决了。但是你需要小心冷凝的现象，它是由空气中的水蒸气造成的，水蒸气在任何更冷的表面凝结。干燥的空气能防止冷凝。

例如，为了防止多窗格窗户内部的冷凝并增加其隔热性能，窗格之间的空气要么被干燥，要么被抽出并用如氩气这样的纯气体替代。氩气比空气具备更高的隔热性能并且还不会滞留水蒸气。虽然现阶段这么做有难度，但窗格间的真空实际上比所有隔热装置都有效。

门也可以做耐风雨处理。虽然在大多数情况下不完全，因为将门隙密封太紧的话会造成门过于紧，这样就不方便开关了。用泡沫"D""B"或"P"类似字母形状的防雨水封条装在门框周围，也就是门和门框相接的地方密封，可以显著改善密封效果。这些泡沫用背胶黏在门的边缘和门框处。当门关闭时，它们可以作为压缩性的封条。当缝隙较大时，例如在门槛处，一些像门刷或橡皮脚蹼的装置可以被用来关上间隙。

其他的间隙，例如要伸到室外的电线或空调管子所产生的间隙，不应该被永久填充，这样会造成维护的困难。在乐豪斯，我们用自制的复合塑料裹，将它们揉成球然后填到大多数缝隙中，最后用强力胶带粘好。像蓝丁胶（Blu-tack）这样的填充塑形泥（哪怕是孩子们玩耍的彩泥同样可以）也可以有效填充并密封小一点的缝隙。两种方法都便于为了将来移除的需要。

节能改善

一旦减少了你楼房内的能源浪费，下一步要做的就是转到更有效

六楼的空气循环扇，对着阳台的门，把热气吹出去

的能源使用策略上去。策略之一就是从可供选择的办法里挑选更为有效的。我们首先来看看在哪些领域的新老技术可以在我们的家或工作的地方产生更节能的效果。

空气循环

生命的一个简单事实就是我们的身体必须调节热量。我们有内置的生物系统来帮助我们做到这一点，但大多数时候我们根本注意不到。当我们冷的时候，我们也许会通过颤抖来产生一些热量。当我们热了，我们就会出汗，让汗水从我们的皮肤中蒸发出去，这就是一个吸热降温反应。

我们都需要记住另一个从学校里学到的基本科学知识：热气上升。像乐豪斯这样的六层建筑，这个效应使得底层地板更凉快。热气在顶部聚集。如果你碰巧在冬天住在更高楼层，你或许会从楼下邻居上升的热气中获益。但如果是夏天，你也会因为相同的原理而汗流浃背。

每个地方的气候都是不同的，哈尔滨的天气与海南的天气必定千差万别。但在上海常见的解决方案是把空调装到每个房间并将门关上，仅留走廊的地方冬冷夏热。当你需要在寒冷的冬夜去公用洗手间时感觉是很糟糕的。

幸运的是，对这两个问题有一个简单的解决方案：电吊扇。通过利用空气循环并结合使用上述提到的减少能源浪费的策略，从而保持全年温度舒适。用电吊扇是更好、更简单也不那么贵的方法。

在乐豪斯，我们几乎在每层楼都安装了传统的高效吊扇。它们比空调能耗更少，并混合了空气用来更均匀地供暖或降温。就像夏日清风，由于更好地蒸发，仅仅是空气的流动就能让你感觉降了 2 ~ 3 度的清凉。在冬天，电扇能迫使热气下沉，以更好地混合空气并恒定整个空间内的温度。

照明

对于很多商业大楼和写字楼来说，一个显著用到电的地方就是照明，高达大楼总用电量的 20% ～ 40%。在居民楼里，由于大部分使用的是相对低效的小型加热器或热水器，所以照明用电往往占到电费单上的 10% ～ 20% 。但不管怎样，照明都是我们生活中总体用电量最大的方面。

你或许有个这样执着的父母，屋子里一没人就要关掉灯。当电灯都是传统的各种白炽灯时，这么做是有道理的。白炽灯泡，包括新的卤素灯泡是不节能的，它们浪费了大多的能源用于加热而非照明。这些灯泡变得如此之热后，很容易烫伤你的皮肤或者如果靠织物太近的话还会引起火灾。

下一个最常见的建筑照明形式是自从 20 世纪 40 年代就开始使用的荧光照明。通过在内部使用一个涂有荧光粉的小型汞蒸气形成长长的真空管。当通过汞蒸气放电，电流击中真空管，一种新的照明就产生了。比起白炽灯更节能，使用寿命更长，荧光灯管是全世界范围内通用的。它们很少在家里使用，因为其刺眼的白光并且有时候还会闪烁。这对考虑成本的商业大楼来说是可以接受的，但对大多数喜欢白炽灯那种暖色调的顾客来说不大能接受。

这种局面一直未改变，直到荧光灯的进一步创新，包括能释放更暖色调的荧光粉和紧凑型荧光灯（CFL）的诞生，那些冰淇淋筒式的灯泡大小正好合适放在标准的灯座里。在中国，对消费者来说，对比 CFL 和白炽灯的主要属性，CFL 被认为是"节能灯泡"。但 CFL 仍然含少量水银。如果它们破裂，会对人有一定的健康危害，但更大危

我们在一楼的黑板上将白炽灯和LED做了比较，并注明他们的功效、节能的程度，你也可以直接感受他们的差异

害则在于几百万个荧光灯管和 CFL 灯泡最后会被当作垃圾填埋到地里。水银对土地和空气有整体的影响。最后，可能最多的是来自消费者的责怪，CFL 所提供的光，虽比更大的荧光灯稍微好点，但仍然被很多人认为太刺眼。这个能源节省足以吸引到相当数量的消费者。

考虑到所有情况，让人惊讶的是这些所谓的节能灯泡实际上不再是最好的节能灯泡了。如今有一种更好的替代物，那就是 LED 灯泡。

事实上，更新一代的 LED 灯泡在几乎所有方面都更优。它们在有害物质的污染方面更少因为它们不含水银；它们使用的能源甚至比最有效的 CFL（紧凑型荧光灯）还要少。

实际上，虽然 LED 是最新式的灯泡，但它并不是一项新技术。LED 的全称"light emitting diodes"——发光二极管——在我们的电脑和电子设备中已经存在几十年了。曾经只有几个基本色可供选择，

我们为街坊邻居讲解 LED 灯的好处以及节能性能，大家关心如何为家里省钱，同时还提高了用电的安全性。我们还带大家参观了乐豪斯所有的 LED 照明系统

在过去的几十年里白色的 LED 灯变为可能，然后生产变得更加节约成本。仅仅在过去的两三年里，我们几乎已经有了任何一种颜色，比如飞利浦 HUE 智能 LED 灯泡，可以被无线网络控制并能在瞬间内改变到 1600 万种颜色的任意一种。这意味着有更多的选择给到家用灯泡，既节能又可以提供给家庭不那么伤害眼睛，跟传统白炽灯色调差不多的暖色调光线。最后，LED 灯泡有几乎所有灯座规格，甚至可以被改型到荧光灯灯管的灯座里。

立刻换成全新的 LED 灯泡是很棒的做法，你马上就能注意到它们对电费表的影响，同时又能保证你的品质生活。另外，如果你喜欢通过改变灯光颜色来衬托自己心情的话，LED 灯更好。

中国是全世界最大的 LED 灯泡生产国。然而它们在国内并未被广泛使用，因为考虑到它与传统白炽灯和 CFL 灯泡的价格之比。大部分 LED 灯泡的使用寿命是二万五千个小时，比任何一款灯泡的使用寿命都要长。同时，大众没有意识到有一种更好的电灯泡存在。改变这种信息鸿沟实际上是一种灯泡式启发性想法！因此，我们在 2013 年发起了开拓性的 LED 照明项目。

在乐豪斯，我们首先将我们所有的 70 个光点，甚至是老的液晶显示电脑投影仪都换成了 LED。我们不仅立刻发现我们一个月节约了好几百块电费，我们也注意到在夏天整个空间更凉快。这是因为 LED 灯泡产生较少热量。你甚至可以在开着 LED 灯泡的时候把它们握在手里。最后，因为可以用不同的灯座和颜色，LED 灯泡在家和办公室用都很不错。基于在照明电量上立竿见影的节省以及减少了夏天空调的使用，因为照明产生热量的浪费大大减少，我们估计不到两年的时间里，我们投资在 LED 灯泡上的钱就会有回报。

我们的照明项目的下一步就是鼓励其他人用 LED 灯泡。我们通过几次公共意识宣传活动做到了。我们甚至帮助其他人置换了灯泡，只收取了很低的服务费。我们还赠送 LED 灯泡给一些上海年老市民，作为交换老灯泡、可循环废旧灯泡的一部分。

乐豪斯非常清楚，LED 是核心的节能技术。我们相信只要每个人都将他们使用的灯泡换成 LED 灯泡，那么城市用电将可以立刻降低 10% 至 20% 不等。所以，我们越快换上 LED 灯越好。

伴随家里和办公室的 LED 灯泡使用，置换其他一些设备和家用电器能很好地减少我们的能源使用。

换更节能的家用电器

节能家用电器是大量减少能源使用并降低你个人碳排放量的另一种途径。电热水器、电冰箱、空调、电视和洗衣机通常是用电大户。

千万别忘了路由器和电脑，它们也许 24 小时都在工作。这些设备每时间单位也许不会用到那么多电，但一直开着的话，它们总体上也会消耗很多电量。接下来还会有像电视机或 DVD 机这样的电器，虽然看上去是关了，但一直是插在电源上。有些时候这些被称为"吸血鬼电器"，因为即使它们处于关机状态时仍然在耗电。事实是，它们从未完全关掉，它们一直在用电。如果一家子好几个人每人都拥有自己的装置，这些耗电的影响会急速上升。

要在这里开始做出一些改善，首先要看看你现有的是不是最节能的电器。你可能会想，它们又没坏，换掉多可惜。这是一种沉没成本谬误，意思是比起你今天把它们换成最节能的型号，你最终可能会因为给它们支付更高的能源费用而花费更多。

在每单位基础上，去找找评价最高（能源消耗最低）的电器。换句话说，我们看的不是设备的大小，而是它有多节能。一个更大的冰箱在每升存储量上，也许比一个小的啤酒冰柜更节能。但这不代表你需要在客厅里放一个大型冰箱仅仅是去放六罐饮料。事实上，从能源角度来说，一个最好的解决方案是忽略所有的迷你冰箱，就用一个大小合适、稍大点的冰箱来满足家庭的所有需求，放在一个对每个人都比较方便的位置。合适的尺寸很重要。过度塞满你的冰箱可不是一个好主意，因为这阻止了冰箱内部的空气流通，也就是说压缩机需要工作更努力，消耗更多的电。

对于空调和暖气也是同样的原理，较大点的设备或许更节能。但如果给家里买个特别大的会造成能源浪费。太小的和不间断用最大功率运行设备会造成它们寿命的减短以及更多的修理。所以，挑一个最节能，同时也符合房间或大楼的空间大小的装置。

更换老的家用电器的一个附加好处就是，许多新型、节能的电器是科技上最发达的，能给你提供怎样更好地调节能源使用的额外信息，包括通过无线设备的自动调控。举个例子，这或许可以让你即使人不在家的时候也可以自动关掉暖气，或当你不在房间时，自动关掉灯。"学习型设备"，例如蜂窝恒温，可以检测你的使用和起居模式，自动调整到最节能的设置上。

一旦你换上最节能的技术和装置后，就只剩下一种减少你的能源使用和更小碳排放量的方式了。你必须从根本上改变你的生活方式，这样的话你的能源需求就会急剧降低。设想一下，如果你决定卖掉所有冰箱并只靠本土化经济下的餐馆和商店生活；或者，想象一下与不是你家人的 10 个其他人来共享一个大冰箱。起初，这听上去有点疯狂，但这就是改变的性质，你们每个人都将需要去摸索，从而让我们的世界变得更加可持续性。这是下一节的话题。

改变你的能源需求

当你已经实施了节能改善并且也减少了你的能源浪费，接下去一个重要的步骤就是从根本上改变你的能源需求。这其中会涉及换一种更新更好的方式去做某件事，涉及其他的一些改变行为的想法。每天都这样做，你也可以对自己和社会产生积极的影响。

减少通勤需要

你可以换到离你家近的区域上班，这样你就不用任何交通工具只要靠双脚就行。如果你已经买了自己的房子，不方便搬到离工作近的地方，那么这个策略有时候就比较难实施。租一个新的地方，把自己的房子租给别人是一种选择。但多数人不会考虑，他们更偏向长距离通勤。我真的很想问问为什么你能每个工作日放弃一两小时休息而花更多的时间在路上。随着时间的累积，通勤时间慢慢增加到几天、几星期甚至是几个月，让你宝贵的生命在车上或地铁里坐着度过。

我们中的很多人仍然认为钱是最有用的东西。实际上，时间才是。在新经济时代下，你的时间是最大的机会成本。现在有琳琅满目的东西在夺取你的注意力。网站和其他各种媒体的较量都是在搏你的眼球和好感，因为它们是跟钱紧紧挂钩的，广告商愿意付这些钱让他们的广告被看到。如果你相信这种新的模式，那么从相对无益的比如通勤的时间中找到最大限度节省你时间的方法，你会变得更富有。

另一个策略是住在市中心的位置，那么不管你去哪里你都相对很近。这是我过去十几年生活在上海的做法。住在地理位置几乎是中心的地方，我能省掉大量走路、坐地铁或去别的地方需要乘坐其他交通工具的时间。

最后，如果你是自由职业者或者你的工作可以让你相对独立地完成，不需要参加大量的会议，其他的选择就是在咖啡馆或联合办公场所工作，又或者是在家工作。把家当作居住和工作的地方是 SOHO （small office，home office）的一部分——潮流所趋。SOHO 不代表你没有员工，只要你工作的地方方便他们，减少每个人的出行要求。拒绝商旅可能对企业不是一个好的选择，错过会议也许对你的事业也不好，但找到方法避免它们能显著降低你的交通碳排放量。电话和视频会议甚至是像微信这样的社交媒体现在能提供好比面对面交流的这种形式，这在过去只有见面才能办到。在极端的例子中，利用一个机器人头像在你办公室漫步，把同身体分开的脸部映像同步到一个与眼睛持平的屏幕上，此屏幕连接在机器人头上，如此一来就能创造一个表面上是面对面的互动。这仅仅是半夸张的，但是这个想法已经被多次用不同形式尝试过了，可以给远程工作者更实质的存在感。

商用办公楼是全世界最大的耗能用户。所以从根本上去掉办公室或更有效地使用办公空间，例如办公桌轮用的情况，同样的桌子被不同人在一天中或一星期中的不同时间使用，可以影响你的能源需求。当然，你可以保留办公室，改为试着让大楼变得更有效。就如我们在前面一章中详细介绍过乐豪斯的做法一样。你还可以更进一步，与他人分享你的办公室。

与他人共享你的工作区域与在传统办公室或转租的地方工作一样简单，或者你可以建立自己的工作安排更灵活的合作办公空间，正如我们在乐豪斯做的一样。联合办公的好处不仅仅是把固定费用分摊到每个人身上，联合办公空间使用者还可以相互见面，分享想法。这是转租办公所无法办到的。

我们刚刚讨论了一些工作相关的解决方案以减少你的能源需求。如果上述的解决方案不是你要的选择怎么办？下一个最大减少能源需求的地方就是家里。

改变你的生活方式

当你想想大多数人现在的生活方式，不管是个人或以小家庭为单位，与过去在社区或大家庭里的部落式生活十分不同。过去的人们有意无意地让生活更有效节能，他们不假思索地分享资源。在前面的章节中我们讨论到了分享经济，这正是最好的做事情的方法。

今天，当谈论到自己家时，我们呆在家中的时间少于一半，另一大半的时间都在外出工作。单身时住公寓的情况尤其如此。

如果你单独住在一个大区域中，以个人为基础，你消耗了更多能源，因为你需要自己的冰箱，自己的空调或暖气，还有电灯、互联网和电话服务。我一生中有好几次都是如此。除了稍微有点孤独外，我的生活方式不是很可持续。我回到家，开暖气或空调，开电灯，给自己做晚饭，或用别的家用电器也都是一个人在用电。我不得不想，我们现代独立的生活方式怎样才能符合可持续的思考方式？

减少你居住的面积，这样你就不需要那么大的空调，并且照明也不需要那么多灯。在有些国家，比如美国，这个偏好是对大家庭和公寓来说的，它们理所当然地需要更多的能源去运行。在香港这样的地方，人们住在有时候被称作"兔笼"的小公寓里。日本人通常也是住在类似的经济型小公寓或家中，商业上以它们的胶囊旅馆闻名。

这或许部分解释了为什么美国个人能源使用位居全世界最高。相比之下，日本人就相对节俭，只需要一个典型美国人能源使用的60%。香港人是能源效率的典范，只需要日本人的一半。当然，工业生产和生产率也与这个有些关系。德国人以个人为基础和日本人几乎同样高效。加拿大人和他们的美国邻居一样比较浪费。有些其他国家的个人能源使用甚至超过美国，包括卢森堡、新加坡、科威特和文莱及所有以人均为基础富裕的国家。会不会是因为财富也是另一个影响个人能源使用的因素呢？毫无疑问，这中间有关联，但对于那些从地理上来说相对小一点的国家，它们或许需要通过相对低效的方式来生产能源。

我的感觉是在日本生活了五年，在香港逗留过一段时间，在加拿大和美国生活较长一段时间后，会对人们在家生活的方式对他们的能源使用有一个清楚的比较。日本人是我见过的最能把空间利用到极致的，比如在飞机舱里那种盥洗室大小的洗手间内，有小巧的淋浴室和马桶。典型日本公寓的小地板区域意味着能源使用设备，比如空调和电视都可以很小。小是有原因的，不管是索尼随身听或者是笔记本电脑都与日本人的品位和工业设计成了同义词。这是有必要的。小一点房间里的小一点设备就会用更少的能源。

与香港不同，中国其他地方新崛起的一股潮流则是买大的东西，大房子、大车子、大电视。目前，中国大陆人均的能源使用仍然少于香港。但也许用不了多久，随着越来越多的人口都市化并转变为大手大脚的消费者后，每个人都想炫一下富，所以他们会用得更多，浪费的也更多。但改变还不是太晚。站在国家的高度，中国政府对大型、奢侈住宅和大引擎轿车征收附加税，但最终还是取决于消费者做出去哪里生活和购买的决定。

有意识地决定住更小的公寓，一般会减少你在房租上的开支，同时也减少了你需要使用的能源。

大多数家庭花在暖气和冷气上的钱最后都占能源开支的最大部分。这一现象适用于每个把人的舒适度作为主要目标的建筑。利用所谓的来自德国 Passivhaus 这种被动式节能屋（零能耗建筑），把暖气和冷气的开支降到几乎是零的建筑方法。在新的建筑中实施起来是最容易的，而老一点的建筑有时需要被改造成被动式节能屋。被动式节能屋的核心是在每处都使用隔热装置，三层玻璃窗，有特别通风系统的建筑气密性装置，以及一个热泵来调节温度。天花板的角度，它的朝向、遮光量和其他因素都要被考虑进去，这样你就能全年在家里的每个房间维持一个恒定的温度而无需额外的暖气和冷气。

你同样也可以做一些新生活方式和行为改变的决定，从而大大影响你家里的能源需求。例如，你可以与其他人共享你的起居室。找一个室友或跟你正在谈恋爱的伴侣住一起。

在冬天，结束了一天辛苦的工作后洗个长长的热水澡是最舒服不过了。洗澡本身要用到大量煤气或电来烧水。如果你学日本共享洗澡水，那么花费可能就不会如此高，但你可以用别的方法来显著降低你的能源需求。

首先，洗一个更短的澡。几乎每个人都可以减少他们洗澡的时间。动作快一点或少一点。我试着每天早上习惯性洗个 5 分钟的澡。当我住在日本的时候，我喜欢先洗澡然后再用浴缸，我的寄宿家庭分享同样的洗澡水。我甚至曾经住过日本公司的和好几个人合住的宿舍里。那里有洗澡区，里面有小凳子可以坐，然后在同一间房里有一个大的共用浴缸。既舒服又可以节能。

这些是关于怎样通过行为方式的改变来明显改变你的能源需求的主意。当你采取了所有减少能源浪费、提高能源效率和你愿意做的能源需求改变之后，最终改善不论是家或是办公室的一个步骤就是想想怎么用洁净的太阳能或风能生产自己的能源。这就会让你的建筑变成所谓的供需平衡的无碳化建筑。或者，如果你生产了足够多的电后，这栋建筑实际上可以变成负碳化建筑，生产出来的电比其自身使用的电还要多。

制造你自己的能源

我们社会中存在的一个主要可持续问题就是电能的生产地和使用地不在一处。这就包含了生产和维护电网的巨大开支，在长距离电线的运输中造成电量的损失，另外还有燃烧化石能源如煤炭和天然气时所带来的附加污染，这都是低效的表现形式。

在乐豪斯，我们所面对的挑战是如何在城市中过一种更加可持续的生活。在这里，我们开始采用不同的可持续技术和措施，但我们最根本的需求——电，仍大部分来自上海电力公司。他们主要是靠燃烧化石能源燃料和小量的靠垃圾焚烧产生的热能来发电。

我们对此真的束手无策，除了所有上述详细介绍的提高效率、减少浪费、改变需求这些我们已经做过的事。

例如，我们换了更节能的 LED 灯泡。为了减少浪费，我们装置了更好的隔热系统，在现有的单窗格窗户上增加了双窗格窗户，并且最大程度上密封好了一些缝隙。所有这些改善帮助了我们防止能量在炎热的夏天和寒冷的冬天里，通过墙和窗户而流失。

事实上，我们可以通过利用更有效的技术和方案来降低浪费直至做到零浪费。但不论我们怎么做，只要不是关门大吉，我们永远无法把能源使用降为零。我们还是要用电脑工作，在夏天用空调制冷，用冰箱储存食物和饮料，当然还要照明。

2013 年，我们做了一个几乎在中国是从未被其他人尝试过的勇敢决定。我们开始为大楼生产我们自己的能源——清洁能源。

在居民楼或商业大楼，有很多种能源可以被生产。有些会污染，因为它们要用到木材、煤炭、石油或天然气这种碳氢化合物的燃烧。其他形式则不会产生污染，或者说是洁净的，因为它们产生能源的方式不需要燃烧。这不意味着要一个详细清单，但现代领域，最常用的清洁能源包括太阳能、风能和地源热泵。

首先，在谈到用哪种清洁能源之前，明白能源（量）本身与电能的不同是很重要的。物理学中对能量的定义，是一个间接观察到的物理量。它被视为某一个物理系统对其他的物理系统做功的能力，其单

测量和设计等准备工作花了较长的时间，但是安装只是用了一天。

左图为逆变器收集起的实时功率数据；右图为太阳能的智能逆变器，不仅能检测日照和功效，还能将直流电转换为交流电

电力公司上门安装的双向光伏电表，每个季度会返利一次

位是焦耳。能量是根本的动力，以不同形式存在。

你可以有机械能，比如自行车怎么把你身体的化学能量——来自分解的糖分（如前面章节中谈到的健康和饮食）运送到你肌肉中从而产生动力踩踏板让链条和轮子动起来；还有来自加热的热能，例如燃烧物质或利用太阳能来运行太阳能热水器。热能同样也包括热泵，利用两地之间的温度差。例如，地源热泵，它用到持续的地下温度来加热或冷却地表上方的一个空间。然后是太阳能光伏发电，这就是用太阳的光子转换成电能。

在乐豪斯，我们生产清洁能源的主要方式是通过太阳能光伏电板。我们决定在屋顶装置太阳能电板，将太阳能的一部分转换成电。我们自己用一些，然后把另一些卖给电力公司。

我们选择的是光伏太阳能板，而不是其他形式的太阳能，如薄膜太阳能电池或太阳热能。事实上，中国是世界上最大的各种太阳能设备，特别是太阳能电板的制造国。中国的制造商将它们销往全世界。太阳能光伏装置，大小从单屋顶式到公共事业规模的太阳能农场，在世界最贫困的国家已经越来越多地被使用。在这些国家，通过使用小型的，靠太阳能供电就能够避开对国家电网和化石燃料的完全依赖。同时，在欧洲西部——全世界最富有的一些大城市，太阳能正被越来越多地使用。尽管中国是光伏太阳能板的制造大国，但中国自己却不是太阳能的最大使用国。至少，现在还不是。

我们决定通过在乐豪斯楼顶装置我们自己的太阳能光伏电板来探索这个矛盾的解决方案。我们将自力更生，生产自己的电力，并更加不用依赖于电网的供电。我们仍然需要连接到电网，一个简单的原因就是太阳能在夜晚不工作。糟糕的天气下，乌云越多，或者由于空气污染造成的雾霾越多，电板的效能就会减少。因此，如果没有一个更复杂的电池系统来储存能量，那么当没有太阳的时候，你将面临没有电的风险。

在乐豪斯，我们做了一件当时在中国不是很常见的事情。我们觉得让自己的系统与电网直接相连很重要。全世界许多家庭和其他建筑的大部分太阳能装备都是离网的，意思就是它们为大楼使用者提供电量，但是那个电量要么必须被使用，要么被储存，否则就会损失掉。把足够多的电池连接到系统，你基本上可以储存并最大程度利用你所生产的电能。然而，随着电板变得更高效，太阳能装置变得更大，越来越多的能量会被生产而导致它们也许不能被利用。传统电池，和更新更大的液流电池会占用很多空间。幸运的是，在中国有一种新型电池可用，或者更贴切的说法是把它称作"银行"：电网本身。

通过将你的太阳能系统与电网相连，并用一个双向计量表，你就可以买卖电了。如果你需要电，你可以先用自己电板上的电，然后剩余部分自动通过电网提供。如果你不用自己的电，你可以自动卖给电网，赚得的钱就像银行账户上的结余。你有正结余，表明你卖给电网的电比你买的多。如果是负结余，你每个月要支付差额直到结余显示零。这就是我们在乐豪斯使用的系统。

政府的一项新政策使其成为可能。2013 年宣布并在 2014 年最终实施，以刺激电网连接太阳能的装置。

我们想探索这项政策对消费者意味着什么，所以我们付出了额外的努力以确保这是我们太阳能计划的一部分。事实上，乐豪斯成了在上海市中心的第一个在自己楼顶上修建电网连接太阳能发电站的建筑，在拥有 2300 万人口的上海是第二个。由于我们的大楼有着 80 多年的建筑历史，我们碰巧还是全中国有着太阳能屋顶的最老建筑之一。在许多中国城市，对传统弄堂、弄堂房屋和胡同、院子的改造急速地改变了城中心的小区，我们展示了一条靠重新修复老建筑的以实现可持续发展的前进道路。

在我们屋顶装好太阳能光伏电板后的数月中，系统理想地运行，一天天地在发电。我们不需要做什么维护，除了偶尔擦一下电板去除一些灰尘和雨水残留之外。我们的系统不大，所以大部分日子里，我们都会使用完我们大楼自己发的电，但那意味着我们不需要像以前那样从电网里买电。我们也没有靠卖给电网电来赚得一大笔钱，但是基于到今天为止的计算，我们的系统会在5～7年内实现收支平衡，当然，取决于这段时间的阳光量。雾霾天有望越来越少，因为越来越多的人开始减少他们的能源使用并可以自己生产清洁能源。

使用其他形式的清洁能源

选择清洁能源不仅仅是考虑到经济方面的原因，它通常取决于你建筑的位置和大小。没有一个四海皆准的模式。

从经济角度来看，对于大多数人，设备的成本、安装的成本、预计运行和维护的成本、特殊条件下能够生产的电量以及通过别的途径产生的电费是影响他们决定的最大因素。使用这些数字，你可以形成回报周期。这就是你多久能收回成本或者说实现收支平衡。从那以后，你就可以开始节约或是赚钱了，这样就能够使投资有回报。所有这些与最好的替代措施相比，就是购买电网的电并将你的钱投资在别处。

现如今，我们也许会这么想，安装某种清洁能源系统不是一个成本效益的做法，因为回报时间长或者回报率低，但有些人还是决定安装，为了清洁能源给社会带来的好处。他们基本上是牺牲自己的回报以帮助社会，在世界大多数地方没有将污染算到电费里。

我们也或许可以想象一下在不久的将来，设备的成本进一步降低，

我正在为电视台记者解释我们的能源系统是如何与电网进行合并的

安装太阳能后，我们种植了月季，阳光越充足它们长得越好，太阳能发电也越有效率

那么回报时间就缩短了，这样就能更好地证明决定是对的。经济方面的考虑超越了洁净能源带给健康和环境的利益，这种担忧的结束也近在咫尺。正如前沙特阿拉伯石油部长雅曼尼所说："石器时代没有因为缺少石头而终结，而石油时代会在世界石油枯竭之前早早就结束。"我相信，最终免费的清洁能源在 20 年内会在世界主要经济体中被充分利用。

第二个考虑是用哪一种清洁能源系统。这也比较复杂，但地理环境常常能提供正确的线索。

有连续不断的风，比如靠近海边的地方，也许适合在屋顶或建筑旁边装置风力涡轮机。这些不是十几米之高的政府的大规模的风力漩涡机，并不会吸引"不得在我后院论者"（not it my backyard：声称支持某个项目但却反对在自家附近施工者）针对噪音、生态破坏（如鸟类的死亡或美观问题）的抗议。相反，它们是较小的居住式或屋顶冷暖气机。这样它们不太会引来邻居的许多抱怨。我个人认为没有什么比一个大风力漩涡机在风中慢慢摇动更优雅的场景了，当然我也认识到对于天天看到它的人来说会有一个接受限度的。

其他种类的清洁能源，比如地源热泵，在任何地方都可以工作，因为它们利用了来自地球的热量，这个热量在某一深度全年都是恒定的。它们在冷或热的气候条件下都能工作。小的建筑单元也许可以用一根管道，插入到地下几十米到几百米不等的地方。从国家的层面来看，有些国家如冰岛，有着冰川和多处活火山，享有得天独厚的地理和地质条件。冰岛基本上百分之百的电都是来自清洁能源。能源产生的形式是在河流或靠近地面的火山温泉上的水坝进行水力发电。这些火山温泉温度超过 200 摄氏度，不但能加热建筑还能用来有效发电。

其他国家如挪威，正在探索一种所谓的地热深井、超地热深井泵。

它使用石油钻井技术，可以钻到地面底下 10 千米处，以达到冰岛接近地面的温度。

不论你用的是哪种清洁能源，不论是国家公共事业还是个人提供的能源，我们的世界总可以使用更多的清洁能源，少烧一些生物质化石能源。

清洁能源是大自然赐予我们的礼物却被我们傻傻地拒绝了。煤炭和石油也是礼物，但我们需要学着将它们视为珍贵的资源，因为它们的成本很高，我们用得越多它们升值得越快，所以我们需要节约使用这些资源，以备不时之需，而不是一次性全部用完。

为了最大利用这些天赐的礼物，不仅生产清洁能源很重要，尽可能提高能源效率减少浪费也很重要。如果你通过太阳能电板生产了大量清洁的电能，却将这些电供给老式的白炽灯泡，那么你就是在减弱对社会的积极影响，降低供给社会的利益。

当我们有了如此多的清洁电能，那就几乎可以免费使用能源了。乐观的信念是将电当作一个礼物，而礼物是不能挥霍无度使用的。这就是为什么我们把它作为乐豪斯使命的一个重要部分的原因。

如全书所描述的那样，我希望你现在慢慢有了一个印象就是过一种健康和可持续的现代生活不代表要以牺牲自己的生活为代价。事实上，它意味着更好地生活。继续这个主题，在本书的下一章中我们来看一下怎么用新的方式来使用技术，帮助我们管理自己的现代生活而不丧失我们都应该希望保留的品质。这个新技术正在让我们的世界和生活变得更美好和更有趣。

五种方式降低你的家庭、办公室或其他建筑内的二氧化碳排放

1. 尽可能多地使用隔热装置。门、地板、屋顶和墙面。任何地方都装！无论冬夏，隔热都有好处。使用耐用性的材料去密封各种管道、窗框、门缝和其他缝隙处。

2. 替换你的建筑内所有老式的白炽灯，使用 LED 灯泡可以最高达到 80% 的节省；替换你的荧光灯和节能灯灯泡，也能有 20%-30% 的节省。

3. 更换节能型家用电器，特别是电冰箱、空调和取暖器。中国国家体系的节能明星和一级家用电器都是不错的选择。

4. 改变一种更节能的行为习惯。安装智能温控器对室内温度进行自动调节；或者就冬天穿毛衣保暖，夏天穿的凉爽点。

5. 购买电力公司提供的清洁能源（如果它们有的话）。安装你自己的屋顶太阳能设备或小型风力发电机。我们可以结束对化石燃料的依赖，在几十年之内而不是一个世纪。

4
智能城市

　　有一个观点是，当代社会的许多问题都来源于科技。不论是像战争或冲突这样的重大问题，还是像网瘾那样的个人问题，科技常常被指责为是使问题不断加剧升级，甚至是制造出新问题的罪魁祸首。

　　早在 1800 年左右，一批纺织工人就在工业化的英国目睹了科技的飞速发展——机械化纺织机和其他一些自动化纺织。他们不禁担忧他们的工作和未来。结果担忧是对的——机器的出现终究会用更廉价，且不需要技术含量的劳动力代替有技术的工人。

　　这些人跨过英国荒原来到纺织厂然后砸坏被他们视为威胁其生活

的机器。然而这一切都是徒劳的。技术在进步，他们被取代了。历史以这种警示性的悲剧告诉我们不能阻止进步，即使是通过暴力、激进的方式。那些拒绝现代科技的人仍旧有时候被称作卢德分子 。这个1800 年左右，那场激进劳工运动的追随者们所被冠予的名字，很有可能就是以他们的带头人卢德命名的。

今天我们也谈论卢德的谬误 ，那就是科技会制造失业。它的确导致了某些工作岗位的丧失，这个谬误也证实了在很多情况下失业也会带来新的工作，这在之前从未发生。事实上，生产率提高了，结果是对社会的效益远比从前更大，即便个人会遭受一定程度上的损失。

电脑取代了打字机，导致了打字机行业生产、销售、维修领域的失业。但与此同时产生了许多电脑组装员、网络管理员和程序员。一百万只猴子可能在一百万台打字机上阴差阳错地打出一模一样的莎士比亚剧作，然而它们永远不可能创造出微软 Word 软件。

不妨暂时这样说，我相信科技变革性的力量。我自己的生活就被它改变了许多次，并还会再被它改变。因此拥抱科技而不是拒绝它是我拥有健康与城市可持续生活的方法。这章讲到的是在智能城市中，我们在哪些地方最需要用到科技。还有在接下来的几十年中什么技术会对我们的生活产生最大的影响。这包括比如在数据库中，对信息使用的技术，提供给我们自我量化和大数据这样的概念。它也包括像3D 打印技术这样的硬件，结合软件设计并打印出专属你的物品。

拥有城市可持续的生活方式当然意味着与乡村生活相反的城市生活。我们现有的主要城区中心已有几个世纪的历史了。那我们现在的生活方式跟原来有何不同？我们必须学会通过利用科技在城市里过一种更智能的生活。

智能城市

首先你可能会问为什么不住在郊区？住在郊区有什么不好？当然在本质上没有任何不好。这仅仅是一个生活方式的选择。比这更重要的一个有待回答的问题是：随着我们全球人口的持续增长，到 2050 年预计会达到 96 亿。那么郊区生活是可持续的吗？

然而许多人梦想生活在田园诗般的乡村，住在鸡犬相闻的农舍。这对大多数人来说更像是天方夜谭的幻想。憧憬完全自给自足，照顾自己和家人的离网式生活更是不现实。这个做法对于富人来说可以考虑，他们有能力让自己远离社会，住在大大的农场里。那里有洁净的能源、新鲜的食物并有源源不断的其他供需品。然而对于我们星球上其他几十亿的人来说则是几乎不可能实现的解决办法。

从物质和能源角度来看，一个现代化的社会包含个人对车辆的拥有，他们住的地方离上班的地方比较远。从几十分钟到几个小时的这种通勤很难维持。尽管美国和其他一些发达国家大部分都选择了这种生活方式，可是下一个想要达到中产阶级水平的十亿人口要选择这种生活方式也许很难。

我们不禁要问这个问题了：他们到底是否要这样做？

许多地区的郊区城市化导致了晚上和周末一些核心区域的空洞。导致的其他一些问题包括内城区犯罪，收入两极化，以及在人口高度分散的郊区提供社会服务的困难，比如教育和医疗。

也有一个对立的问题出现了。如果每个人都住在如今的城市当中，仅仅是在一个更加密集的地方，难道不会存在拥挤不堪，严重污染和同样的收入两极分化的问题吗？那个快乐的媒介在哪里？

事实证明，我经历了所有的三种可能性。我曾住在过郊区，人口稠密的城市和一些看上去能够找到平衡的地方，这些地方的要素似乎可以构筑未来的智能城市。

　　我印象中的郊区生活是在我成长的地方，一个中等大小的加拿大城市，位于不列颠哥伦比亚省的维多利亚。那里有些区域人烟稀少。空旷是描述那些地方唯一的词汇，然而也不完全一点人影都没有。房子里有人但他们一般都宅在家里很少出来。邻居们在地理位置上感觉和彼此挺近，但就从彼此的互动方面来看则好像是"比邻若天涯"。有段时间，我们住在一个小农场旁边。看上去很好但我几乎很少看到农民和他家人。随着城市不断蔓延，人们有了自己的车。我的家庭和许多家庭一样有多辆车。孩子们长大后，人手一辆车的比率在我朋友中间已经是屡见不鲜了。总的来说，考虑到方方面面的情况，成长过程挺开心的。

　　我也曾居住在市中心地带或类似芝加哥这样的大城市。我所住的那栋公寓位于内城，在那里我经常觉得在晚上没有安全感因为马路上漆黑一片，就像被遗弃了一样，除了能看到奇怪的流浪汉。商店大门紧锁，人们离开办公室纷纷回到郊区的家。白天便利充满生机的景象到了夜晚就变得寂静和不便。从积极的一面来看，我不需要车，因为工作的地方和我家只是走路就能到的距离，但如果我需要别的东西我不得不搭朋友的顺风车或打的去像商店那些的地方，因为它们实在是太远啦！

　　最后，我住过现代的亚洲城市，如名古屋和我现在所居住的上海——这些城市有多用途功能区，在这个区域里，既有办公楼群，也有住宅、餐馆、购物中心和文化设施等等。白天和夜晚都有熙熙攘攘的闹市区。更不用说便利性。不管我要买什么都很近。我也不需要车，步行就很好，自行车对于长距离的出行是不错的选择，偶尔需要的时候公共交通和出租车也能满足我的需求。在这两个城市所呆的15年里，我从来都不必拥有一辆车。最后，虽然这点对于每个大城市来说不一定都是事实，但我的确觉得不管多晚，在城市里的任何一条街上走都非常安全。

我深信现代化的城市生活是下一个十亿人口提高他们生活质量的唯一途径，不用超过我们自然资源的负荷就能过这样的生活。昨天的城市是昨天脑海中的社会所建立的，新的城市需要新的计划。

上海和别的大都市里的一些政策，我认为应该不仅是在中国各地，乃至世界各地都可施行。我把上海称作智能城市，然而对"智能"的定义有所不同。可以是从交通到能源再到教育的智能，但总体上来说技术是这些方面的根本特点。

打个比方，智能城市应该具备四通八达的公共交通运输网络，包括地铁、轻轨、有轨电车，大容量公交以及可通过智能卡或在线预订，方便立即租用的自行车、汽车这种按需提供的出行选择。我欣然看到这些系统正在上海及其周边的一些城市被投入使用，例如南京和常州。

以南京为例，它正逐步创建世界最大（10万辆）的自行车共享项目，你可以用智能卡在城市里3000个站内归还自行车。常州已经设计出了有庞大中央有轨电车系统的新道路。如之前描述的，拥有世界级地铁系统的上海和北京在任何测量和评估方面（线路长度、站台数量和乘客数量）将很快位于世界榜首。

如今，我看到别的一些城市专门效仿这些系统，可又未曾看到实际效果。他们设法在已经固定成型的传统基础设施上生搬硬套一种新的让人们出行活动的方法。改变人们的行为难度何其之大。数十年来都没有地铁的城市并不是理想的修建地铁之地。市民的反对、修建的难度和成本，都是主要的障碍。然而最大的障碍则是一旦城市有了第

比起乘坐飞机所产生碳排放量和漫长等待，以及随时可能延误的风险，高铁是我
出行其他城市的首选——准时并且可以一路看中国发展的轨迹，更舒适便捷

一条地铁线路，就要鼓励人们去使用它。对那些习惯自己驾车或用其它方式出行的人来说，乘地铁的方式可能不会受到拥戴。如此看来，当人们习惯了自己相对自如的交通工具，或者至少是地面的交通方式，那么地铁从某种意义上来说倒像是退步。

一旦智能城市有了智能交通选择，这就取决于市民是否会使用它们。

作为健康和可持续城市生活的实践者，你可以先改变自己的行为。这可能涉及你怎么从一个地方去另一个地方，以及改变你要去的地方，通过身体力行的方式改变或者是从一种思维方式的改变下面我们就一起来看看具体是如何的。

交通

关于交通的可持续性决定包括短途、中途和长途的出行方案。我们分别一个个来看。

短途出行

对于短途，就拿几百米到两三千米的距离来说好了。为什么不变换你现在所使用的出行方式——汽车、公交、出租车、自行车，取而代之的则是用一种不用电不费油的方式呢？换个词说就是——走路！如果天气好，你可以和我的一个朋友一样，从一个地点跑到另一个地点。穿着商务正装大汗淋漓，衣冠不整地在别人面前出现是不怎么体面，所以这个跑步的习惯可能需要你换身衣服，比如穿更轻面料的衣服或去办公室再换上工作装。

我首先提到走路是因为它是最被忽视，然而又是最佳的个人交通

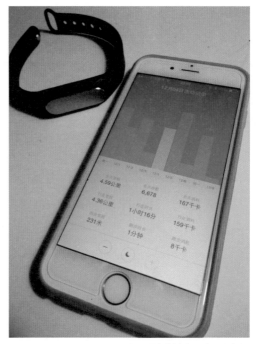

3 公里以内的地方，我尽量步行

工具。我们的身体实际上是因它进化。作为一个当代形式的出行方式，走路变成了一种潮流。由于小米和 Jawbone UP 计步器的出现，走路的方式正经历一个复苏。这些计步器鼓励人们为了健康考虑，每天设定一段行走距离的目标。

步行被证明是最好的运动方式之一，对你的关节和环境的影响都很小。步行利用到了你两条大腿的主要肌肉部分来消耗卡路里。根本不必去健身房在跑步机上跑 20 分钟，就通过走路上班你都会得到差不多同样的益处。

对于几千米到 15 千米这样的距离来说，我们就要用到自行车、溜冰鞋、轮子滑板车或电瓶车。这些大大缩减了出行时间并且从机械化角度来说更有效，可以使你的身体储备更多能量。主要的缺点是起点和终点的存放。小的可折叠自行车和更新的自平衡单轮电动车确实有，但人们发现提着它们上下地铁，尤其是在高峰期的时候，简直就是大累赘。但我认为更多的地铁系统应该为乘客着想，让他们携带自己的交通工具而不是像现在有的地方那样禁止携带。

中距离出行

对于什么是短距离，什么是中等距离的考虑会有一些出入，你可以视情况而定。这是那个特定时刻的个人选择，而我总是倾向于能给我带来附加好处的出行方式。举个例子，如果我时间很紧，我就会选择地铁而不是骑车，因为地铁更可靠和舒适。如果我要锻炼，我可能情愿走 5 公里或更多的路。我每天根据我的需要来做决定而不是只抱着自行车不放。超过中等距离的路程，不论我在世界任何地方，地铁都是我的默认选择。

在许多中国城市里，极佳的地铁网络如今可以让你在城内到处走而不用担心交通状况。它们也许在高峰期很拥挤，但通常都比其他形式的交通工具更便宜、更快捷。我觉得时间的节省比金钱的节省更有价值。谁想一天花一个小时甚至更多的时间被堵在路上？这么说吧，如果距离不是很远，走路和开车的出行时间大致相当，我实际更愿意走路因为可以附加锻炼，并且走路不用花一分钱。

中国的城市化战略包括在每个主要城市里修建良好的地铁网络。其中，上海的地铁日平均乘客量在 200 万左右，最多时，一天可以达到 700 万。从乘客数量上看，上海稳居世界最大地铁网络的地位。

但非常不幸的是，世界上许多城市的地铁、轻轨和有轨电车系统实际上都在赔钱，并且需要接受市政府或国家的补助，包括中国。这样一来，你或许会觉得如果没有人使用它们，那么这些工具就被浪费了。特别是在私家车的使用已有数十年的地方，如果人们已经习惯了个人交通工具的话，他们不太想换到公共交通。中国正处在这个问题的转折点。

私家车的拥有量会持续增加。交通状况、停车、燃油使用和污染等方面，让我们会面临一个交通运输的灾难。如果人们开始使用遍布全国的世界一流地铁网络系统，那么中国在可持续公共运输方面很有可能会引领世界。

上海和北京的地铁网络在全世界范围来看都是最新、最快、最大的。像广州这样的城市，去附近的城镇如佛山，过去需要几个小时，现在地铁可以在一小时之内把你带到。总共将近 40 个中国城市已经建成或正在飞速建成地铁交通网络。如果一切按计划实施，中国将大幅度成为世界上最大的地铁系统使用国。如果这些城市不能很好地发挥地铁完全的潜力，降低马路上的人和车，这会多么可惜啊！

长距离交通

乘地铁长距离出行是可能的。比如在北京，88 千米是目前最长的行程，并且只要 3 块钱人民币。多划算啊！可是距离那么远，中途还要停站换乘，挺费事的。如果你需要出行更长的距离，那么在大城市里和去国内更远的地方，可以使用不像地铁那样的能量密集的方式：如长途大巴、高速铁路和拼车。

对于超过几千千米，跨越海洋的长距离出行，飞机真的是唯一可能的出行选择。然而乘飞机去短距离的地方是非常耗碳的。如果你可以选择高铁把你带到你想去的地方，这是会更加有效的出行方式。在中国，近年来飞机的延误和取消变得越来越司空见惯，坐高铁准时到达你的目的地是更加可靠的办法。中国有全世界最长的高铁轨道系统以及最快的轨道运行平均速度。在短距离出行上，高铁比飞机更便宜。如果你把去机场、办理登机手续、过安检、等待和起飞的时间都算进去的话。高铁从很多线路上来看，它和飞机是一样快的，甚至更快。

如果别无选择，坐公交仍是一个比其他出行方式更好的选择，原因是当没有地铁或轻轨时，它至少是共享的交通方式可以应付中等距离的出行。

良好的交通状况是智能城市的一个显著特点。充足可靠的能源供应是另外一个。有些城市不断发展，最后变得资源匮乏，比如没有足够的电力，或过多的车导致对汽油的供不应求，从而导致油价上涨及空气污染。

智能城市需要智能电网。传统的电网的供电是建立在对消费者的猜测之上的。人们在白天使用较少的电因为他们去上班了，到了下午或傍晚就成了用电高峰，因为大家都下班回到家开始开空调、暖气等等。

电力通常是靠发电厂供给的，它们需要燃烧化石燃料，甚至是在万籁俱寂的夜晚也要持续燃烧，虽然燃烧相对白天不那么剧烈，因为关掉和开动它们都是需要大量能源和时间。这些系统耗费巨大，所以很多供应方采取阶梯式打表方式，提供非高峰期时段更优惠的电。

更新型的清洁能源解决方案实际上在某些方面使这个问题更加的棘手。举个例子，太阳能发电意味着在太阳当头照的早上和下午是可被使用的。风能在任何时间，只要风足够强劲都是可以被利用的，但要是在清晨4点这样的时候是没什么人会需要它。而我们城市的用电高峰通常是在晚上的时段，当大家都回家，每家每户灯火通明的时候，着手解决这种不稳定的供能正逐步成为现有输电网络的一个挑战。

太多清洁能源的这个问题会在某些地方引发另一个问题。如果清洁能源多到可以满足或超过市民的需求，那么这就引出了为什么电厂还要发电这个问题。在某些太阳能电板被广泛使用，阳光特别充足的地方如夏威夷，这个问题就产生了。在那里，太阳能电板的电力开始超过电网发电。

一个解决方案就是以离需求地较近的小型发电站的形式进行分散式能源生产。有些时候被称作微电网或智能电网，这些电网可以连接新型太阳能和风能农场。比如，通过现有的水力发电解决方案得到100%清洁和可靠的能源网络。

另一个解决方案是家庭范围内的电池系统。这在德国已经很流行了，或者是附属于清洁能源项目的效用尺度电池系统。它能够在发电时储存电量，到用的时候再释放电量。

为了让城市变得更智能，通过清洁电力的智能电网自行供电。以上这些仅仅是我们需要做的一部分，还有更多需要我们共同创新，共同努力。

五种方式让你和你的城市更智能

1. 如果会造成长距离通勤和高密度碳排放，那就住在城区，不要住在郊区。

2. 住在靠近上班的地方，节约来回去公司的时间、精力和金钱。SOHO（家庭办公）特别适合独立工作的人。

3. 短距离出行选择走路或骑自行车又可以锻炼又可以减少碳排放。

4. 对于中等距离的出行，使用节能的交通工具（地铁、轻轨、公交、拼车）。

5. 对于长距离出行，使用高铁或通过购买碳排放信用额度来抵消你的飞机出行。

5
工作的尽头

　　乐豪斯的一个重要宗旨就是新经济与现代化发展的信条要和谐一致。要做到这一点就涉及对我们工作认知的改变，我们为什么要以某种方式工作，以及我们做的是什么工作。

工作的性质

　　我们现代的和看上去自然的工作方式是由很多不同的方式创造出来的，目的是服务工业化的需要。一周工作 40 小时，连续五天工作，休息两天，一天工作八到九个小时，65 岁退休（在中国是 60 岁），一日三餐。

所有这些对于一个出生在中世纪的人来说都会显得极其怪异。对他们来说周末或节假日几乎闻所未闻。处在那个年代，你的工作量很轻，寿命也短得多，这样就没有退休的概念。一天吃一到两顿不足为奇，诸如此类。当然，我和你都不想生活在中世纪或更早的年代，那个兵荒马乱的年代卫生条件糟糕，肆意横行的瘟疫、饥荒还有宗教战争，更别提缺乏现代社会的电力和通讯的便利性了。

随着始于大约 18 世纪左右在西欧兴起的由农业经济向工业经济的转型，工作的性质也开始发生变化。在工业经济中，将机械生产率最大化对工人来说是强制的命令而不是需要。这改变了人类工作的方式，变得不再人性化，取而代之的是机械化的支持。让机器一天 24 小时最大可能地工作，对工人实行轮班制就有必要了。数学运算和人类自身的限制使得 8 小时（一天三班制），12 小时（一天两班制）和 16 小时（一个没有晚班的长班）的班制非常普遍。

没过多久，这种机械化规模模式的工作就成了工人愤怒的源头了。

一些劳工倡议，如始于 19 世纪的 8 小时一日的运动，由一个标准化的一天：工作 8 小时，娱乐 8 小时，休息 8 小时制组成。这个与工人的需求相呼应，但被行业拒绝了，因为工业化的模式是想让工人的薪酬最小化，工作时长最大化。然而，人性化的做法渐渐胜出，许多欧洲国家在 19 世纪后期或 20 世纪年初期就已经采用了标准化一天工作 8 小时的制度。

在美国，直到 1914 年亨利·福特把他工人的时间表调整到一天 8 小时，一周工作 5 天的时候，事情才有了好转。福特实施降低工作小时数，甚至还将日薪涨到当时从没有过的 5 美元这一做法后，实际上提高了生产率，工人的留用率甚至还增加了销售和利润。带来的结果是工人的注意力更集中，他们更快乐，不遗余力地争求最好表现来为公司做贡献。工人们也可以买得起他们自己生产的汽车了。他们有了休闲时间并可以好好享受这段时间。在做出改变的两年之内，福特的毛利润就翻了一番，获得了更高的生产率和销售业绩。美国的产业意识到靠剥削工人实际上并不会带来更高的利润。

基于将人类工作时间最大化的这一体制对生产和机械行业来说是好的，它们需要持续且稳定的速度，不容许有差错以便能够最高效地工作。这种体制并不代表人们自己希望这样工作。这一点在创新型的新经济模式下尤其如此。

人不像机器，以周期性为基础地工作。生理节奏，就是你的生物钟，24 小时循环工作的方式几乎很像地球自转的周期。我们也会受到比生理节奏更长或更短的节奏的影响。每一个季节的变化都有着自己的特点，然而这些特点也会随着每年地球绕太阳的公转而重复。也有短一点的节奏，比如你的睡眠每 90 ~ 120 分钟是怎样经历不同的阶段。你的活动水平决定了你心跳的节奏是更快还是更慢。

那么哪一种是对的呢？我们应该按照我们的祖父母和曾祖父母那种方式工作吗？当时建立的制度是他们大部分人在农产、煤矿或工厂车间工作。我们中的一些人可能仍然在那些环境里工作并在接下来的工业化方式中发现效用和效率。但现实是我们目前进入了一个后工业时代。我们处在知识经济中。后工业化与知识经济的结合是我所简称的"新经济"。然而大多数制造还是靠手工，尤其是在发展中国家，我们同样也在向后消费时代迈进，那些服务之前几代人的产品和生活方式并不属于我们现代社会。

工作的新方式

如今仍然有工厂和轮班制工作，许多新型工作不再是以工业化那种每个工人每天工作 8 小时这样的节奏进行。

软件开发工程师是最好的例子。开发软件的过程不可能以一种像生产加工产品这样的线性方式去做。任何所给的项目都能被评估，取决于所需的功能性，选择的电脑语言、图表和其他必要性元素，但很难有 100% 的精确度。软件漏洞也许要几秒或几小时去诊断。所以一个电脑软件工程师的工作是以时间段来看。当他们在完成某项特定任务时，会用到几分钟或几小时。因此，把工作的循环想成潮起潮落的过程更说得通。这样一来，更为明智的是把时间不仅仅看作是传统意义上的线性进程（当然它是），还将它看作是你工作、休息、吃饭、睡觉或进行其他某些活动的好几个小时间段。每天都能用非连续的时间段来填满，即使让人忘记了一天标准的 8 小时工作时间也说得过去。相反地，去开始思考你的能量和关注点。不去思考你所花时间的数量，而是去思考你所花时间的质量。

管理你的能量

过一种健康和城市可持续的生活意味着完全掌控自己的想法、工作方式及我们与周围人的关系。除此之外，别无他法。值得注意的是如今的人们是多么容易被自己的想法所牵制，"我太忙了"、"我没有选择"和"我一点儿时间都没有"等等。我们日益变得狂躁忙乱，注意力分散导致我们不去理会他人甚至是自己内心的声音。现代生活尤其让人变得忧心忡忡、精力不集中，从而扰乱我们的情绪、生理和能量。本书的这一节就是要帮助你重新夺回这三个领域的控制权，这样你就可以对你的健康和城市可持续生活做出更大的影响，同时也能对其他人产生积极影响。

在我们的生活中，我们需要处理情感和理智上的问题。我们可能休息得很好或可能感觉身体不适，我们可能任重如山或悠闲自在。这就形成了我们在每天的生活中必须平衡好的三种能量：情感、生理和传统的时间能量。

第一个我称之为你的情感能量。我们思想中的情感和理智部分对我们的身心功能有强烈的作用。这个功能可以也应该被管理。有些人处于比较理智的心态并对他们生活中发生的所有事都保持分析性的态度，其他人在沮丧或分心的时候则很难投入工作。与他人的关系及那些关系的质量是管理情感能量的一部分。你周围消极的人会给你带来消极的情感能量。

关键的想法是我们必须快乐，不管以什么方式使我们个人感到快乐。有些人花一生的时间尝试达到这样的境界，但我觉得这个过程可以被总结成三个步骤：你是谁；你有什么和你跟谁在一起感到快乐；如果你仍不快乐，那就改变它们其中的一个或多个。如此重复。

第二种能量跟我们身体的生理状态相关，我将它称为生理能量。我们的生理能量关系到一系列因素，包括我们休息多少，我们所消耗卡路里及其他营养物的数量和质量，还有根据急 / 慢性病与损伤方面来看的我们自身的健康状况。所有这些都会影响我们身体机能的有效运转。

健康管理在很多别的书中都谈到过，但关键的理念是我们必须保持健康从而在乐豪斯式的生活中有所成就。或者，另一种看待它的方式是问："如果没有健康，快乐和成功有什么好享受的？"或者，更激烈一点的说法是，你离开世界时并不能带走财富和成就，所以你应该关注生活的品质而不是你多有钱，多成功。

最后，我所说的你的时间能量是你时间资源的反映。这并不是说有些人的时间比其他人多。虽然有些人的寿命的确比较长。我所说的是有些人比其他人更擅长于管理他们自己的时间。不管是多任务还是单任务，我们必须完成的任务量，还有我们同时追求的选择数量，所有都影响着我们的时间能量。通过清理时间段，要么是完成任务，要么是删除任务来提高你的时间能量。给你的日程安排太多无关紧要的活动只会降低你的时间能量。它们诚然显得很重要，但管理时间能量的关键是首先懂得它的有限性。第二是理清什么是重要的。无所事事其实是在耗尽你的时间能量，因为这时间被浪费了。增加时间能量意味着将你的注意力倾注到你想做的事情当中，不管你想做的是工作，还是和家人享受生活、旅游或是别的事情。

一个可以削弱你时间能量的东西就是太多的开放性决定。开放性决定犹如演员们用到的引人入胜的套路，用来在观众中制造悬疑或引起好奇。观众在演员说到，"你绝不相信接下来会发生什么"时，就立马会竖起耳朵。你坐到椅子边缘，注意力都放在演员接下去要说的话上了。但如果是个连载的惊险小说，带给你的就不是期望而是焦虑的感觉了。接下来会发生什么？对我的影响是什么？除了通过将注意力放在还没有发生或根本不会发生的事上来剥夺你的时间能量，开放性决定对你意识和潜意识的情绪平衡也有同样的作用。如果你需要做一个决定，它会一直呆在你脑海的深处妨碍你，让你分心不能进一步想问题，直到这个决定被做出。

太多悬而未决的决定，你开始丧失注意力。所以，做决定吧！然后继续前进。可是很多时候，我们总是在等待。等待别人做决定，等待我们认为我们需要的信息，等待对的时机诸如此类。时间就是现在。

我喜欢改写一个流行的美国政治引语：如果不是现在，那是何时？如果不是你，那会是谁？

最后，当心掉进听从别人愿望的时间能量陷阱中。我们发现生活中的许多决定是这样的：别人的优先事项变成了我们的优先事项。我们现在的手机、无线平板电脑和互联网文化使得我们在任何时间任何地点都可以被联系到。所以当别人有事给我们打电话、发邮件或发短消息时，别人的事立刻成了指令跑到了我们待办事项单子的最上面——我们是他们现在谈话的对象，或者他们的邮件是跳到我们收件箱里的最新一封，又或者短信或微信的信息提示正在占用我们的注意力。

避免这个特殊问题的一个方式就是意识到那些人的优先事项是他们自己的。有些时候这些事项也许和你自己的相一致，有些时候可能不一致。你需要想明白并对应采取行动。这听上去可能有点不近人情，但如果我们每个人都能先好好关心自己分内的事情，这个世界会变得更美好。

永不退休

几年前我在新加坡的一次公差中，有一个傍晚正好有些时间和一位朋友散步。我们正要离开酒店的时候，一辆车停了过来。就在我们走到门口时，所有的酒店员工全部跑了出来。被人群包围，如果不粗鲁一点就没法挪步，所以我们等人群散开再走。然而，人群不知怎么的就分开了，我与新加坡国父正巧来了一个面对面。我多希望当时能有先见之明带一本自己的书送给他。但我对他的一个点头微笑就很知足了，接着凑到朋友那里大声对他说，"他就是李光耀！"他那时的称谓是"内阁资政"，他的保安将我们分开以便让这位年老的政治家通过。

我大学本科时期的专业是亚太研究，当时就已经广泛大量地研究了新加坡。所以对前总理再熟悉不过了。我很敬重他有地缘政治的意识，这使得新加坡从一个几乎没有什么天然资源，人口较少并且曾经还是英国臣民的小城邦国家在仅仅独立了半个世纪后摇身一变成为了人均最富有的国家之一。

当内阁资政李先生走向酒店，我很惊讶他看上去是多么虚弱啊！跟我当时在亚洲历史课本里看到的那位意气风发的政治家判若两人，面前的这位老者有 80 多岁了。更让我惊讶的是，几个月后，我在看一份报纸，上面提出了新加坡退休政策的改革，引用内阁资政的话说就是"永不退休"。

有些人把他的话看成是对社会关注退休后生活品质的一个冷酷无情的回应。对他来说永不退休很容易，他的儿子李显龙一如既往仍是总理。即便如此，他所说的那四个字有着更深层次的含义。很清楚地看到，至少他在 2011 年正式下台之前都活跃在政界。我可以感觉到他还在从事些什么，这也正是在履行他自己所说的话。

在那时，李光耀对退休的评论与诺贝尔奖获得者、DNA 的共同发现者詹姆斯·沃森所做的有了跨时空的呼应，沃森的话曾长期被时任记者的威廉·萨菲尔在他《纽约时报》的最后一个专栏里引用过。他引用了沃森的这句："永远别退休。你的大脑需要练习，不然的话它就会萎缩。"

这些意味深长颇具价值的话出自两位截然不同的人之口，毫无疑问更多的人也都曾说过。这些思想形成了我所思考的另一个方面，就是对市民来说，在新经济下过一种健康和可持续城市生活意味着什么：

永不退休。

首先，这个观点看上去也许和许多人所珍视的观点截然相反。最终某一天人们会停止工作。有些人一生拼命工作就是为了彻底放松、安度晚年、享受旅行和自由。这取决于他们所生活的国家，法定退休年龄可能是65、60或其他年龄。问题是，我们的世界从现在起的未来几十年里将无法扶持这么多退休人员。残酷的事实就是目前许多年轻人今天卖力地工作也只是在追求一个很少人才能实现的退休梦。

首先，以美国为例，大众中间普遍的迷惑——看上去强制性的65岁退休年龄或其他年龄的这一想法是个谜。事实上，65、60或其他年龄只是被用来划分和指定人们可以开始领取法律规定的社保福利的年龄。可能许多国家是有法律强制规定一些政府职位的退休年龄，比如军人、警察和消防员。因为这些职位安全是一个问题，大多数法律实际上与人们何时领取福利更相关而不是什么时候强制人们退休。对于那些在某个阶段有这样退休法律规定的国家，如今大多数都已经修订了法律或正在修订。

因此，现实是绝大多数公司和如今的一些岗位没有强制性的退休。只要你有能力胜任一份工作，想继续工作，在美国、英国或别的地方，很多公司在法律上不能强迫你退休。这些法律，如果一开始强迫让你退休的话，也由于以下两个主要原因正在被修改。

第一个原因就是因为年龄歧视。有一种说法：退休是为了让底层奋斗的人们有上升的空间。说得对，每个人都想有飞黄腾达、出人头地之日。除非你是从中间或高位被淘汰出局可你又觉得还想发挥些余热。许多控诉雇主的就是因为人们确实有那种还想要发光发热的感觉。

第二个原因是从人口统计学出发，人们在过了退休年龄继续工作是自愿选择或是身不由己，这是世界范围内的养老金体制资金不足，也许在我们有生之年会崩溃，除非领取福利的年龄增加。人口统计学的第二个方面就是，为了保持全球竞争性，一些发达国家，尤其是经历了强劲"二战"后婴儿潮的国家，目前面临着低技术含量服务岗位的劳动力短缺。那些国家传达出来的信息就是，为了经济的利益，老年人可以并且应该继续工作，如果他们有这个能力和愿望，就在一个有最低薪水的工作岗位上就好。

我们必须退休才能获得福利的想法在很多地方也不再是事实了。在私有公司，当你退休时也许会开始领养老金，但很多政府的福利，不管你工作与否你都能得到。

每个国家的退休规定各有不同，但总体趋势是不希望有技能的工人退休，他们的退休年龄也在不断往后推。延迟退休有诸多原因。

首先，原始的看上去武断的退休年龄其实一点也不武断。它们仅仅是工业时代的错误残留，那个时候人的寿命比现在短得多。现在，美国男性的平均寿命是 77 岁，女性 82 岁。在一些别的国家，包括日本和李光耀说的"永不退休"的新加坡，男性的平均寿命是 82 岁，女性的是 87 岁。在美国，100 年前大约是亨利·福特开始实行增加薪水降低工作时长的时候，男性平均刚好活到 50 岁多一点，女性则是 53 岁。现在出生在美国，你会比你的祖先们多活几十年。换句话说，人们实在不用担心 65 岁退休，这个标准是 19 世纪 80 年代在德国以及 20 世纪 30 年代在美国设立的，因为那时人们会更早一点去世。

相反，我们更长寿

过去的情况是，如果你幸运的话，你可以活到七八十甚至是 90 岁。百岁老人曾经在美国如此罕见，他们可以在电视上宣布他们活到了 100 周岁。如今，百岁老人太多了以至于不能一一列举，只能放在滚动列表或某个网站上。

改进的医疗状况是最大的因素。新的制药发明对血压、慢性疾病、关节置换以及全方位获得医疗的改善，都让我们比自己的父母或祖父母那一辈活得更长久，甚至长几十年。当然，只要我们有钱去支付，或者是可以住在一个医疗完善、有高质医院提供高质服务的国家。今天的年轻工作者，他们能通过老年医保负担医疗费用，可糟糕的饮食却居然能导致他们比父母或祖父母那一代寿命更短，这着实很讽刺。

退休金在崩溃的边缘

这是一个简单的数学，在大多数国家有丰厚的退休基金和缓慢的出生率，人口金字塔日趋变得头重脚轻。直到最近数据显示，退休工人领退休金很少有超过几年的。你一生所工作的政府或公司或两者一起，能通过过去积累的退休基金轻松对付一下。但因为更长的寿命和更好的医疗，我们正一同开始耗尽传统的退休体制存款。

在中国，男性的退休年龄是 60 岁，女性在 50 或 55 岁就退休了，在如今中国的城市环境下，城里人比生活在农村里的人寿命要长些。这也引起了中国养老金体制和其他社会福利方面相同的一些问题。中国很快就会有全世界最大的老年人群体——2 亿。随着城市化人口接近 50%，会有越来越多的人往城市涌，然后接受更好的医疗并活得更长。这真是个两难的局面。我们是怎么到这一步的，并且我们应该怎样应对这个挑战？

都是关于出生率

当经济在发展时，在某一阶段由农业转为工业、农村转为城市，孩子多的家庭通常意味着更富足，父母更有保障。在农业经济里，包括 30 年前的中国，人们倾向于要更多的孩子，这样就能有更多的劳动人手。在计划生育生效前，家庭比现在的大得多。

同样的，这种经济下的大多数政府不能提供有保障的退休金，因为经济的农业本质让征收和管理税收变得困难。给政府支付的是谷物，人们靠微薄的退休金来自谋生路。结果是，一旦自己无法工作，有几个孩子的话就有可能提供一个更有保障的晚年。这通常意味着直到他们体力上无法从事劳作的时候，老人们仍被期望通过照看小孩、煮饭等等形式为家庭做出贡献。孩子就是退休金。

此外，有几个孩子就是某种形式的保险，以防止因事故或疾病而失去孩子。医院和医疗服务在农村地区很难找到，且不是很好。婴儿死亡率往往偏高。在婴儿死亡率降低之前，农业家庭、农村经济往往平均比工业化城市经济下的家庭有更多孩子。

这制造了一个人口金字塔，金字塔底部年轻人的数量更大，并且相对较短的寿命意味着，在几十年内金字塔上部很窄，因为老年市民较少。每对夫妻倾向于 2.1 个孩子替代率。所以，当谈到如相对微乎其微的老年人可以生存下来的退休问题时，金字塔底部可以支撑上部。

三种情况是可能的。第一，如果上述情况持续下去，也就是接下来的几代里，每对夫妻有平均 2.1 个孩子，底部会保持稳定。孩子出生率越大金字塔形状的底部就更强大坚挺。第二，如果他们一直有所谓的每对夫妻 2.1 个孩子的更新率，这个底部会更像长方形。第三，最后的形状，如果夫妻平均的孩子少于 2.1 个，底部会变得越来越窄，整个形状会看上去像倒金字塔。倒金字塔本质上就是不稳定的。

现在在全球的许多发达和发展中国家发生的两种趋势已经把人口结构变成了这样的不稳定的倒三角。

第一种趋势是人们的孩子越来越少。有许多研究证实了经济和社会的发展会导致较低的出生率。当财务增加，人们就更少担心自己的退休或者是由谁来接管家庭农场，所以他们没有那么多孩子。研究也表明教育与出生率有着相反的关系。换句话说，人们接受的教育越多，尤其是妇女，孩子的数量就越少。节育的意识起到了帮助，同时更容易获得节育产品。最后，城市化也是出生率降低的一个原因，住在城市生活成本更贵，并且也没有必要像他们农村的祖辈那样去抚养那么多孩子。

在中国，除了变化着的社会偏好，也有一些官方政策在限制孩子的数量，一般对大多数人口来说只允许一两个孩子。就是我们所熟知的计划生育政策，中国实际上强制人们有较少点的孩子，人口统计学家们估计这个导致了中国如今人口比没有实行计划生育降低了几百万。

第二个趋势改变了上面提到的人口结构：人们更长寿了。更好的医疗保健是人们更长寿的原因之一。另一个原因是城市化让人们更容易获得医疗服务。饮食可能是第三个原因，像日本这样的国家有着丰富的海产品，低脂肪的饮食是长寿的一个原因。全世界老年饮食的改变也至关重要。随着我们越发意识到饮食对长寿的重要性，我们在生活中吃得更好了。虽然反过来也是如此，年轻人从未有过更高的肥胖率，潮流正在扭转。更多的人意识到正确饮食会通向更高品质和更长寿的生活。人们开始变得更健康，运动更多，吃得更好。所有这些都在引导一个更长的寿命，尤其是发达国家地区的城市。

生活方式的改变，如抽较少的烟也对长寿有影响，吸烟和肺部健康的关系从未如此清晰明了。像美国和日本这样的国家已经把他们的吸烟率降到了历史新低，这也将会对肺癌死亡和烟草相关的疾病有长远影响。

所以如今的人们，孩子不如从前多，并总体上活得更长，这就导致了日益增加的头重脚轻的人口统计金字塔。一个起调节作用的步骤可能是让这个结构看上去像一个花瓶，有一个稳固的底部但同时在顶部有向外扩张的趋势。最糟糕的结构就是倒金字塔形，越来越多的人在顶部，最终因为人口压力而压碎底部。

人口统计真的是命运吗？

"人口即是命运"这种表达有它的真实性。人口统计实际上是事实的数据而非推测。因为数据是建立在已经出生的每个人身上，倒金字塔结构预示着灾难。它们的物理形状不如底部宽的金字塔稳定，所以我们认为人口发展上的灾难会接踵而至。

这个许多人都有的恐惧是基于一种过时的思考方式。那就是年轻人总是比年老的人生产力更高。在农业时代或当今现代经济的工业化时代，这个很有可能是事实：年轻人可以更努力地工作，他们总体上更快更强。作为工厂工人，一般来说越年轻越好，以至于许多国家要出台反对童工的法律，招聘工作快、好管理、机敏能干的年轻人的激励机制如此之棒。

如今，一个巨变正在上演，许多人口学的末日预言家们没有提到：在知识经济下，年龄变得越发无关紧要。在新经济下，关系和分享的宗旨更加重要，体力不再那么有必要。所以有了另外一个答案。从人口统计学上来说，只要金字塔顶部的生产力与底部的相比，保持在相似或一个持续增长的速率，我们便会安然无恙。另外一个说法也许是，老当益壮宁移白首之心。活到老，学到老。或还有别的表达。

如果老龄化的人口创造了新形式的生产力，他们就不必担心他们的孩子是否能在他们退休后照顾他们了。这将会创造一个新式的工作环境，然而，许多人一开始会对它嗤之以鼻，那就是我所说的退休的终结。

在我概述这会是什么样之前，让我先问你一个简单的问题：你退休的 10 年、20 年或更长的时间内你会做什么？你的计划是什么？躺在沙滩放松 10 年？旅游 15 年？抚养你的儿孙到长大成年？我们都倾向于想象退休生活是田园式的休闲和放松，但许多现实将会扰乱这个想象，也会打乱即将到来的几代人的生活。

退休的终结

如李光耀、詹姆斯·沃森和其他许多人，已经有意识地做出了不退休的决定。这就大大地简化了退休计划。我只需要计划我的人生而不是我退休后的人生即可。

这个想法实际上先于乐豪斯的形成。我一如既往地认为忍受某个工作，甚至是厌恶某个工作，然后最终等来一天你能辞职不干去做你想做的事情是非常落后的想法。这种思考模式带给我的另一个问题是，许多人似乎追求退休后的旅游和放松。然而这或许是真的，一些人的确追求一个多产的退休生涯，也许他们写作或是做志愿者或是埋头学习，但更多人似乎是退出工作，销声匿迹了。我想：为什么不现在就做你想做的来享受生活，晚一点再努力工作，一旦你有了经验和知识就可以做出一些更有意义的事情呢？

同样的，我在中国当了大约五六年的大学讲师，遇到了太多的年轻人，和一些在我 MBA 课上年长的人。他们的企业家之梦几乎差不多都是要开一个公司，让它上市或被一个更大的公司购买，这样，这些公司创始人们就可以高枕无忧再也不需要工作了。这大概是我能想到做企业的最糟糕的一个原因。尽管如此，这还是许多人趋之若鹜的一个梦想。

我所观察过的退休现实是，似乎有很多人不管年长或年轻点的有名的企业家，退休了一两年后忽然后知后觉地意识到他们的生活变得多无聊多空虚。辞职后，卖掉他们的公司，全心全意地住在某种退休避风港、退休之家或一个小岛上，他们发觉自己的生活不只是一点空白。

这就是为什么我愿意向比尔·盖茨看齐。从微软退休后，作为全球首富，继续在其他行业发挥余热，特别是他的盖茨基金会为世界作出的贡献。他甚至决定在他生命结束时，将他巨额的财产也捐赠出去。他前面有个任重道远的工作。

"青春孤掷于年少时光中"，不仅仅是一个表达，这是没什么人愿意承认的事实。目前的社会，其结构就是为了最大限度榨取年轻人的物质生产力，因为那就是历史上农业和工业所需要的。这与知识和创新新经济所要求的完全相反。取而代之的是，我们需要一个新的模式。

退休已死，退休万岁！

乐豪斯对待生活的方式有一部分是退休很多次。我在我的人生中已经这样做过两次。我把这些称作乐豪斯休假（这种休假的定义是大学教授的休假年），这是一种学术传统，用休息的一段时间去研究、调查、恢复精力或去国外旅游后最终回来工作，状态比离开之前会好很多。

乐豪斯休假也许在某些人听来已经很熟悉了，这只不过比你过去可能听到的要长一些，几个月或几年而不是通常的几周。这对许多人

每隔一段时间我们便会为大家提供"头脑补充剂",让假期和学习相结合

来说不是陌生的概念，因为在过去的 10 年里，我注意到越来越多的人参加了比方说排毒之旅。排毒的实质跟前几代人的药物滥用问题无关，只不过是给身体做一个里里外外的清洁方案，通过按摩、吃土、喝蔬菜汁，诸如此类。这个过程被认为可以从身体里排出从城市生活中吸取的特定毒素、污染等等。另一个可能是行动假期，主要活动是参与结构性的例如在有机农场工作的活动，或作为志愿者与仁爱之家（一个慈善机构）一起去条件相对差的社区建造一所房屋。也有些人做冥想或学习静修，专注于宗教、哲学、瑜伽或其他。这些固然是好的，但它们只是被设计用来作为一个短暂的把我们从痛苦中脱离出来的救济方式。我谈论的是更深层的一面。

因为其长远性的特点，假期更长，资金更充足，准备更充分。你可能放下工作或任何一个你正在做的事情，休息一到两年。在那段时间你可以学一些新的东西。或反过来，你可能为了学习一个你向往的新技术重新加入一个新的事业。你完全可以在一个新的领域重新开始，在过程中不断完善你自己和你的事业。唯一阻碍你做到这些的通常是恐惧——其他人会怎么想我？一个 50 岁的"新员工"或"新手"或"新入职的"？我怎么支付一大堆账单？我要是不能重新回到老工作怎么办？

克服这些恐惧意味着重新构造你的思考方式

从你目前的生活中休假的这段时间，你无疑需要资金和支持，但不是你想的那么多，只要你肯放弃一些落后的想法。大多数人，举个例子，认为这种休假当初设计的意图是为了在生活中向前进，它应该与"更多"成为同义词。更多的钱，更高的地位，更多的朋友，要不然你休假的意义是什么？举个例子，许多人相信如果你去了一个新城市，你应该在之前的城市保留你的家，同时在新的城市买一个新家，找到一份更好的工作，有更高的职位和薪水。许多人认为那才是前进。

这个想法的一个问题是它对每个人并不是经济可持续的。这与新经济和全球化世界的现实不兼容。目前，富人和穷人之间的财富悬殊。传统的智慧是世界财富的增长对每个人都有好处。就像名言说的"水涨船高"。除非你的船系泊停靠在码头，那么这句话就不灵验。这是许多发展中经济的现实。有些富人的船没有停泊在码头，可以自由徜徉，但穷人的船必定会在接下来的风暴中被淹没。

如果从道德论出发，穷人理应得到更多。如果用相同的论证来思考富人，则富人可能想得到更多。可他们得不到，因为13亿中国人，12亿印度人，3亿来自东南亚、非洲和南美洲的人全部都浮现在了全球舞台。生活对他们来说会更美好，这一点几乎是确定的。不太确定的是今天富人的生活会继续变得更好。更有可能的是，我们最后会达到一个中间态。这就意味着如果你是生长在一个发达国家的年轻人，你要改变你的思考模式。不是许多人更快乐，少部分人真正快乐，而是大家都刚好快乐会怎么样？这就是我在未来新经济下看到的画面。但是我想让富人接受这一想法会很艰难。

如果你有一套房子，在一个地方卖掉它，这样就能在一个新的城市买一套小点的房子，因为你新的工作职位不如以前，薪水不如以前。这在今天看来，许多人会认为这是退步。但如果你对成功衡量的标准仅仅是靠房子大小、净资产和你名片上的头衔，那这才是倒退。如果你按照什么对你是要紧的，什么对新经济是要紧的，来重新定义成功的标准会怎样呢？标准规则是可以改的，只要大家都欣然接受。

乐豪斯和新经济看待成功的标准包括你在世界上住过多少地方，你了解多少地方的文化，你说多少种语言，你开创了多少公司，你参与了多少项目，你雇用了多少人。还有最根本的是，你从健康、家庭和生活质量方面获得的开心和满足。但关键也是看你自己对成功的定义是什么，你觉得什么对你来说是重要的；而不是以社会的标准来看，更不是以已经逝去的社会标准来看。

怎样计划一个乐豪斯休假

理财规划师帮你制定退休目标也许要根据你需要存多少钱以保证明天不用工作，仅仅靠你的投资回报和政府给的福利也能维持和今天收入相当的一个水平。除了缩减开支的一个隐性需求，通常也会有一个缓冲现金，用来支付一些选择性的健康疗程，一个拉皮祛皱，时不时地一趟旅行，直到你完全理解了有生之年的意义后离开这个世界。当你想到这，它并不是一个很令人愉快的概念。步入退休的这段时间就是这种经济的表现：为未来存钱，为孩子的教育存钱，为将来的健康存钱，一直在未雨绸缪。雨天已经在这儿了，只是大多数人没有意识到而已。

人的寿命实际还在延长。它虽然不是一朝一夕就改变的，但第一批能健康地活过 120 岁的人可能已经出生了，也许你就是其中之一。随着越来越多抗衰老药物的出现，越来越多的骨头、关节和最终的器官移植通过 3D 打印技术变得可行，我们活得更长久很可能就是一种常见的现象。如今最主要的障碍并不是我们的身体，而是我们的思想。我们通过锻炼、饮食和医疗找到了保持肉体年轻的方式。但我们的大脑是人类身体里最不被了解的器官。虽然我们已经在了解脑健康和脑可塑性方面取得了一定进步，那就是当我们学习某样新事物，储存新记忆的时候大脑里能够产生新的连接。我们变老的最大的风险是大脑衰竭状况，比如老年痴呆症和其他形式的痴呆症。

其中最极端的要数长生不老的想法，这也不是不可能。至少一个叫德·格雷博士的医学专家谈到了人类寿命的逃逸速度，这个观点是如果我们能活得足够长，长到下一个主要在抗衰老方面的成果出现和突破，也许是更好的心脏移植，那么这会带领我们进入下一个领域的主要突破，也许是大脑可塑性药物来帮助我们重建年轻的脑功能，等等。直到最后我们有技术和手段来实现长生不老。他认为第一个会长生不老的人已经出生了。

所以，不管你是否相信寿命延长，甚至是永恒的生命或永驻青春，传统的关于退休的概念已不再适应新时代了。我相信这个传统的观念应该被淘汰。我自己就已经抛弃了这个观念。我认为退休的最后一代人已经出世了，因为未来的人们会发现仅仅是躺在一个童话般的海滩上无所事事将会和在今天看到马拉车的现象一样过时陈旧。

这就是为什么乐豪斯的退休概念最好是被描述成一个迷你的退休，如我所偏向的学术休假。它可能每五年一次。这完全取决于你。这是对你和社会来说是对待生活的一种更加可持续的方式，因为你仍然是一个充满兴趣，有事可干的人，并且从社会的观点来看还是一个多产的人。它的特点是自主学习，弹性学习并创造新的价值。

工作的时候工作

如果你采取一种不退休的健康和可持续的生活方式，你也应该计划对你的工作方式做些调整。做你不喜欢的工作意义何在？同样地，为了准备你的乐豪斯休假，你需要有效地按照一个计划去工作，在休假期间也不代表要停止工作，这只是一种不同的工作，希望是你喜欢的那种。那么休假结束后呢？更多的工作！所以如果我们有了一种全新的退休方式，那我们也需要一种全新的工作方式。

生产效率的关键是专注。如今的世界有如此之多分散注意力的事，如此多的优先事项，我们常常失去了像某些人描述的"活在当下"或集中精神的能力。

我们工作的方式实际上在不断地变化。直到任何时间任何地点电脑、电信通讯和因特网的出现，才让我们开始思考忙碌是好的。能应付多重任务更好。一直工作是最好的！

单任务意味着在某一时间专注某件事。多重任务一般就是某一时间做许多不同的事。

任务区分可能是更好的一种描述。有些人比其他人更擅长处理多层能量和不同需要的技能，以快速在不同任务间转换，很像有些电脑的运行。

乐豪斯的思考方式是，多重任务至少有其价值，区分更好，但有真正价值的是来自专注。这关于你思考和工作的质量，而不是数量。专注是说能慢下来，集中注意不管其他无关紧要的任务。然而，为了这样做，我们必须再次学会怎么管理我们的多设备世界和一种被广为人知的信息量负荷的状态。

工作的新工具

社会改变了我们工作的方式。像电脑、手机和互联网让新式工作成为可能，虽然不一定是更好。不久以前，在我大学时代早期，我会在一个电子打字机上给学校打作业。对如今许多年轻人来说可能这种打字机简直就像外星产物，没有屏幕和鼠标。在某些情况下甚至没有电。一个机械打字机如同现在的无线笔记本电脑——你去任何地方都可以带着它。但它又沉又不方便，与今天的一个大笔记本相比差不多。

它除了打文件，什么功能都没有。如果你没有白纸，它连打文件也不行。

手机由电话演变而来，在那之前是电报，它使得人们能无需面对面就能交流。不带着移动电话到处走的想法对当今年长点的成年人来说很熟悉。我们也同样可能回忆起当移动电话原来那么大的时候，我们不得不放在手提箱或带一个电池组，因为当时的电池技术与现在的大相径庭。传呼机、电台信号设备架起了传统座机和我们现在手机中间的桥梁，它们会告诉我们有一条消息，并需要打进中央调度站或我们的语音信箱系统。这些设备已经像机械打字机那样离我们远去了——是另一个时代里被遗忘的碎片。如今我们的智能手机比当时宇航员去月球探索时用的电脑有更强大的运算功能。

谈到技术，真正的游戏变革者是互联网。它的发展，及与电脑和手机的协同合作，允许了数据、交流和计算的融合。它让我们能够在任何时间任何地点与地球上每个人、每个地点都彼此连接。同时还能让我们接触到许许多多媒体制造的各种信息。互联网的副作用是，让我们不论何时何地都摆脱不了工作。

然而这个无疑为我们全球化的社会带来了巨大的好处，并且最大的好处一定还会到来，这也带来了一种全新的工作和生活方式。这些仍在被定义，但已经在渐渐改变曾经常见的做法。

一个例子是之前的非连接工作是怎样让我们能够更容易地专注于一个单独的任务。在那个特殊的时刻，没有其他任何事的打扰。一台打字机如果没有我们手动拿走一页，插入另一页的话，它自己是不会换文件的。我们那时候无法同时看到多个邮件主题，也根本没有电子邮件。有可能的就是桌子上放一个有初步"后进先出"（Last-in, first-out, LIFO）功能的托盘。为了做多重任务，我们也许要划出桌子上的一叠信封并决定先拆开哪一封。最好是我们能有一组纸质备忘录放在一个大桌子上有待检查。如果我们在一个 30 年前的办公室，我们会有基本的工具来进行电话会议或接很多个排队进来的电话，但我们的私人家庭电话没有这种功能。如今，我们能坐在离办公室几英里之外的山顶上用手机开视频会议，同时使用我们的电脑，或许它还是由一个小太阳能充电器充电的。

我并不是想要将过去浪漫化，更不是说我情愿生活在中世纪。我不想回到没有手机和电脑的时代。这些工具如果使用得当，实际上它们承诺了一个更好的未来。关键是我们必须重新获得自己的专注力。我们需要格外关注最重要的工具：我们的大脑。

大脑健康

工作本身已经变化了。我们现在的办公室工作，大部分时间都是每天坐着，盯着电脑屏幕看 8 小时甚至更长时间。在几百年前的工业化时代到来前，是看你能多努力多快地工作。生产率在工业化转变之前都是受到制约的。在那种情况下，注意力转到了机械辅助或替代人力上，随着机械越来越大，生产率也越来越高。如今，世界再次发生变化。在一个富足的经济时代，注意力不再放到一个公司有多少人，或一个公司有多少台机器，而是工人怎样用他们的知识来创造、理解并操控这些信息，把虚拟工作量增加，把数据来回传输到几代人之前无法想象的水平。

我们大脑的健康不仅仅是在于我们身体吸收了多少营养物，或者我们受到了多少教育。它的健康是关于我们不论是在工作还是在游戏时思考的质量。我已经描述了当你工作时你应该怎样专注。其实在你玩的时候，你也应该这样专注。

玩的时候玩

另外一半的精神集中是当你不工作的时候，你应该不去想工作并专注于别的事情，要么是放松要么是游戏。不是孩子才要玩游戏吗，你这样问道？如果你去问一个打电脑游戏的成年人，他也许不同意。如果你问做运动的人，他们也可能不同意你的说法。玩的形式或许不同，或从某些方面来说更严肃，但玩终究是玩。

认真玩的概念，或专心地玩有不同形式。一个形式是学术多样化，作为一个管理学习概念，自20世纪90年代中期就存在了。现在被用来商业化教授给全球不同品牌的组织，最著名的就是"乐高认真玩"。人们学着创造力地思考并用乐高积木解决问题。

我认为认真玩更像一个兼并玩和专注的概念。当你在玩的时候，你需要处在那个当下，充满热情知道你在做什么并专注于它，而不是分散精力去思考工作相关的问题或尝试思考关于你的"投资回报率"，就像在健身房举重。我要举多少重量才能得到我想要的体型，你可能在举起哑铃的时候忍不住想这些问题。就享受一下这个举的过程不好吗？除了举重，为什么不去爬树呢？如果不考虑你可能摔断脖子的风险，这是抬起自己体重的一个很好的练习，很多次要启动一些人体工程力学。换句话说，我们的身体就是用来在地上跑的，而不是在跑步机上跑。我们的胳膊和上体用来翻墙或爬树最好不过而不是在杆子上做引体向上。

研究表明，如果不是做别的体力活动，玩可以帮助我们恢复精力和活力。比较我们一整天坐在桌子边上伸着脖子用电脑所需的能量是那么少，两者之间的差别如此之大。研究显示，我们久坐的生活方式和办公室工作通过压力荷尔蒙中的皮质（甾）醇损坏了我们的背部和血液循环。当我们处于压力下皮质（甾）醇会被分泌，比如你的经理在门口等着一个任务完成。玩可以帮助提高你的心率，血液流到主要肌肉里去，唤醒你的身体。

作为一个简单的第一步，每工作一小时就站起来走一走会惊人地帮助你注意力集中并改变你的坐姿。通过一些肢体运动让这种快步走变得更充满活力并完全地转移大脑注意力会更有效果。做一些有创意的事情，比如做一些手工，摆弄一些小玩意，解一个简单的谜题，有时候会将你的大脑完全从你所做的事情中摆脱出来。太久地专注于一件事会导致回报递减。

我们当中很多人都忘记了怎么做游戏。我们有时真要去学学孩子来回忆非正式的操场规则。

首先，不要担心什么活动和别人怎么想你。作为成年人，我们也许会顾及自己的形象和自尊。像孩子那样我们也许会怕没人跟我们玩或担心最后一个被分到某个小组。找一些避免此类事情发生的方法，如我们可以随机分组。

第二，游戏没有规则，或者说规则十分灵活。当我们是孩子的时候，对于那些在电脑还没出现的时代成长起来的孩子来说，我们会用自己定的规则编自己的游戏。会花几个小时来构思一个独特的场景，并且也不再会重复它，因为那样的话会非常无聊。孩子不断地变化规则，完全将规则的书本抛掉。作为成人，我们生活在一个被规则、条框、法律、程序所限定死的社会中。我们习惯于遵守它们，就是为了看上去不那么格格不入，尊重他人、做好公民。

第三，当年轻点的小孩跟别人一起玩时，他们大多数不会注意阶级、性别和年龄。他们就单纯地为了玩而玩，不是为了和谁玩。我们慢慢长大后，开始发生变化了，甚至小孩会意识到自己与别人的不同。作为成人，许多人都着迷于地位、是否得体，以及关于我们应该和谁在一起的规章制度，什么年龄是合适的，政治上的正确性，性别平衡和一系列其他制约开放性和创造性思维的问题。我们需要找到一个方式回到早些年我们与别人玩的时候只追求快乐的心态。

最后，对于一个孩子来说，任何东西都能成为游戏，只要他们运用想象力。一个环和一个棍子就可以做一个好玩的游戏。一个球能用来玩传球游戏，但它也可以很容易成为自己幻想的朋友。用孩子们生动的想象力，我们都有能力把任何物品做成我们想要的任何东西。我们可以创造整个世界和故事来解释我们看到了什么和在我们周围经历的美好。

然而，随着我们慢慢变老，我们常常失去了创造的能力，以及运用想象力抽象思维的能力。取而代之的是，我们日复一日重复着相同的工作。我们按照事物本来的面目去断定它们，我们用逻辑去思考。

请注意，我可不是建议你回到小孩子的思维，而仅仅是回归小孩的心态。除了上述的规则，这还意味着什么？

这里还有一个观点，来自马尔克·奥列里乌斯·安东尼·奥古斯都 的一课，更简单的，为人熟知的名字是马尔克·奥列里乌斯。他是罗马帝王之一，写了 Festina Lente(忙而不乱）。

孩子们从不急匆匆要结束他们的游戏，他们希望游戏永远不会结束。他们表达这个想法的方式是欢快地跑到一个活动中去，所以他们就有更多的时间来享受这个游戏。或者他们也可能花整个下午建一个城堡，就是为了想象住在里面的幸福感。并且他们要玩到最后一秒钟，即使他们的父母喊他们回家吃饭。那就是玩的价值。它值得为之奋斗。

作为成人，我们要记住停下来游戏，变得更集中精神。

Hurry Slowly　慢慢地匆忙

Festina Lente　忙而不乱

　　简单说来，做这些事情会帮你夺回一些生活的控制权。在懂得了工作和退休的新特性，以及对时间和精力有所了解后，你将有能力平衡你的生活并且有更多时间做你想做的事情。

　　关键的想法是你必须要有时间才能做事情。就像老话说的，你能花钱才能挣钱。说到时间，你需要制造时间才能花时间。想想吧！

　　我想让你回想一下本章一开始的那个故事。早在1800年，当时激进的想法——8小时工作、8小时放松、8小时睡觉的劳工运动。在那之前，以及在那之后接下来的几十年里，工作10小时、12小时甚至更长。一周工作6～7天是常规。人们在追求更好工作条件的过程中失去了他们的生活，甚至是生命。为了工作的革命，使得我们的社会最终获得了中产阶级的舒适和在一些20世纪期间的享受。

　　在21世纪开始的时候，我们处于一场静悄悄的革命之中，就是夺回已经消失无踪的自由和快乐。工作的性质随着工业时代而改变。我们现在正以不同方式迈入信息时代和新经济。工作再次发生了变化。随其而变，或被其改变。（传统）工作已死，（新型）工作万岁。

五种方式探索工作的新未来

1. 学着分别观察你的情绪，体能和时间能量以达到整体健康状态。

2. 计划一个没有退休的生活需要很多的准备。相当于是让自己与现在的这个世界息息相关，同时也不要在寿命会延长的未来与时代脱轨。

3. 平均每两年休一个长假。利用这段时间休息和调整，也可以去学习一种新的技能、一门新的语言，探索一个未曾去过的地方，甚至是开始一项新的事业。

4. 做到专注并且尽量处理单项事务；拒绝多项事务同时进行。找到一个适合你自己的时间管理系统并遵守它。

5. 学着带着孩子般的快乐重新享受生活。远离电子设备，重归自然。再回到孩子的状态。慢下来，享受生活。

6
大数据的现实运用

　　长久以来，人们都以一种机械的方法来收集关于自己的数据。我们有多少个石头重，有多少个手掌高等。当加入了时间这个元素后，我们测出了我们跑得多快，心脏跳动多快和我们的年龄。现在可以用计步器和一部智能手机开始自动收集我们日常生活中点点滴滴的信息，比如去我们要去的地方有多少步，其次速度是多少以及卡路里大致燃烧的情况。所有这些都可以被自动测量和计算。

　　从一个叫所谓"自我量化"的运动中，我们现在能量化的事情几乎是无止境的。我们的睡眠模式、体重和身体结构等等。我们不光能量化自己还能量化我们的环境。

一个更近期的现象是不仅跟踪记录你的生活，同时还记录你周围发生的事情，特别是你有可能度过大半生的地方：你的家。

包括睡觉在内，一般人一天呆在家的时间是 12 小时——即使你觉得忙到压根儿没怎么在家呆过。以此为依据，花相当一段的时间把这个地方打理好是说得过去的。幸运的是，自我量化运动提供给了我们一些新的工具，可以被称作"量化住宅"。

通过跟踪记录在你家里发生的点点滴滴，你将会获得不少益处。首先，你会对像温度、空气质量和其他指标有更好的认识。这些指标对于健康和可持续的城市生活有着举足轻重的意义。第二，通过更好地用电、水和煤气，你会节约能源和金钱。第三，你可以充分利用一些新的想法和技术，它们只有在你决定量化住宅时才有效。我们接下来一一看看这些好处。

就在 2012 年，我刚刚出版完我的《中国超级大趋势》一书后，参加了由上海绿色倡议的朋友们组织的一个周末短途活动。此行的目的是交流和分享关于可持续发展方面的想法。

在那个周末，有一系列信息学术讨论会，这些讨论会在中国都是数一数二的。它们包括一个关于怎样测量室内污染的话题。演讲嘉宾带来了一个专业且昂贵的计表，可以用来测量空气中的挥发性有机化合物。

让每个人惊讶的是，甚至是在竹林农业区中间的生态旅店的房间内都含有一定量的有毒污染物。那些污染物大多数来自粉刷的油漆和工厂生产的新家具，这些化学物质连续几周渗透到空气中，甚至在装修好几个月后都不会消散。

唯一了解这些污染物的方法是用一个装置来检查空气质量。这个价值几千美元的装置不可能被广泛购买。

直到这些装置的价格变得更加亲民后，我决定去寻找一台并装在我们乐豪斯里面，它最起码能测量温度，并一整天都能跟踪记录湿度以及二氧化碳水平。

通过用标准的温度计测量一整天的室内外温度或在空调／恒温器上设置一个温度，你将可以更好地掌握室内室外的温差，看到热量的损失和获得。这个数据不仅仅是一个舒适度的指示，它同时也能告诉你所居住的住宅能多有效地隔热，它多快会流失或获得热量。在住宅中的多个方位使用测量仪器而不仅仅是在一个中央位置使用，能告诉你哪里需要添加额外的隔热设备。隔热的作用是让你的住宅冬暖夏凉。

另一个测量较容易做，但大多数人不怎么考虑。最起码从室内开始，测量二氧化碳的含量。我们都已经听说过"难以忽视的真相"，其中令人吃惊的图表中所反映出来的二氧化碳水平，以每百万之几衡量，正在迅速增长。从当地建筑来看，由于建筑内使用者的呼吸作用，二氧化碳水平还会更高。

所有的生物都需要氧气。当我们的身体在血液里交换氧气时它们同时也会产生二氧化碳。在短时间内，室内的二氧化碳量会增加，造成一种闷热不舒适感。有些人感觉疲劳，另外一些可能会头痛。无技术含量的解决方式很简单：开窗！但如果外面很热或很冷，或那天的污染非常严重呢？你可以开空调，通过一个基本的过滤网过滤掉一些大颗粒污染物从而放进来一些新鲜空气，然后用室内空气过滤装置进一步净化空气。也有一个在之前的篇章中所描述过的自然解决方案：室内植物。然而，如果不测量二氧化碳水平，你可能都不会意识到二氧化碳所引起的问题。也许你睡眠不好，也许晚上你房间里的空气流通很差造成你很早就犯困而夜晚却躁动不安，因为你的身体在和室内的低氧环境做斗争。如今，有一些供家庭使用的装置可以自动报告室内二氧化碳水平，虽然只有它们中最贵的装置才能与通风系统相连接以自动对流空气。不然的话，你仍需要手动操作。二氧化碳是你应该检测的一个污染物，当然还有许多别的。

其中最危险的污染物要数一氧化碳了。由于不充分燃烧，一氧化碳对呼吸有机体来说是有毒害的。如果没有适当通风，它会致命。每年有许多小孩、老人甚至整个家庭的悲剧在上演。他们睡觉时，家中某个地方的一台室内加热器正在燃烧。此后他们就再也没醒来。有些时候，罪魁祸首并非是煤气，仅仅是因为安装不妥的热水器也会酿成大祸。一氧化碳探测器其实不贵并且又能拯救生命。虽然没有必要每天监测它们——理想化的情况是室内不该有一氧化碳——时常检查这些探测器以确保它们仍能够正常工作是非常重要的。

最后，在乐豪斯以及在将近每栋居民楼里，你都能找到一些内置计量表。它们通过你的用电、用水和天然气使用帮你测量和监控你的碳排放量和生活质量。虽然他们是内置的，有时候在很难够得着的地方。大多数人都是"眼不见心不想"的态度。但重要的是不要忘记经常性监测我们对这些能源的使用。除了帮助我们了解我们的能源使用情况——可以看到改变。

接下来你需要看的是你的公共事业账单，尤其是月电费单。你的目标是至少获得一整年的使用数据，这样你就可以比较历年数据而不是月数据。许多账单实际告诉了你在先前一些月份中能源的增长和减少的情况。这个数据很有意思但它在让我们家庭和生活方式变得更加可持续性上作用不大。原因就是由于季节的影响，我们能源的使用有增有减很正常，有时这个起伏非常显著。天冷了，我们就开暖气；天暖和了，我们就关暖气。当天气变得十分炎热时，我们就开空调。电

我们在每一层都会放一个 Netatmo 的检测仪，然后让它们联网设置，便
可以实时监测室内的宜居情况了

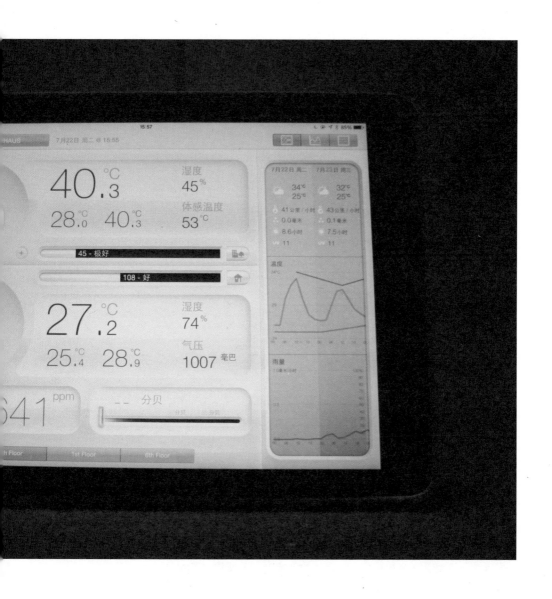

冰箱使用能源的多少取决于室内温度。

如果你不保存老账单，你仍然可以打电话给电力公司获得你的历史数据。一旦你获得了一整年的数据，你就可以比较，当你使住宅变得更加可持续后，你正在节约多少能源。

有趣的是，一些电力公司现在开始告诉你你的邻居们的用电情况。数据是匿名的，但在最下面可能包括这么一句话："你所在小区里别的家庭上月使用的能源比你少10%。"当看到这句话时，你有可能会想为什么有这个差别。然后，一个无声的与邻里之间的比赛就悄悄拉开了帷幕，名叫"和老张家看齐"。这样一来我们就有动力让自己的家和生活方式变得更节能，能源使用更有效。你的电力公司还没有提供这个信息吗？那就打电话询问一下吧。他们或许有这些信息并会乐意告诉你，或者你可以鼓励他们开始提供这些信息。

新型量化住宅装置

一旦你开始跟踪信息，一系列新的装置都能让住宅管理过程变得轻松简单，充满乐趣且经济实惠。

对于有中央暖气和冷气系统的人来说，一种新型的恒温器会了解你的行为并相应调节供暖设备从而最大程度帮你节约。此外，它还会报告节约量和统计数据到网上方便你在任何地点跟踪和调控。

这些装置解决了许多我们在调节恒温器设置方面的不便之处，即使是一天只调一次。一般为了更有效使用通常有必要调3～4次。理想的是，恒温器应该在你起床时、睡觉时、离开家和回到家时被调节。这么做听上去挺麻烦，等待温度调节的过程也挺让人郁闷。结果是，许多人就一直把温度停留在一个最舒适的度数上，即便他们不在家。如果你住在像前面章节提到的被动式节能屋，单一的温度设置是设计

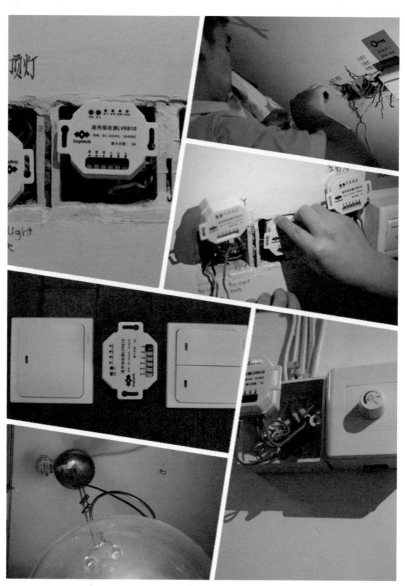

工程师一边安装，一边调试无线线路，只要在电路的两头安装这样一个
信号接收装置，便可以进行远程遥控

左图为开，右图为关。每一个开关对应相应的灯源，同时也可以一个遥控控制所有的灯

时自带的。如果你有宠物，给房子供暖或降低房子温度或许很有必要，即使你不在家。但对于其他人，为了能花费最少的电或燃料就能享受最佳舒适度，调节是有必要的。

　　比较受欢迎的产品，如蜂窝恒温。其制造商已经被 Google 掷资30 多亿美元购买下来了。它既能管理温度又能跟踪你家里的能源使用模式。他们也被描述成"了解型"装置，因为一系列内置感应器可以测定你什么时候起床，什么时候回家等等。这种了解效果会随着它们记录跟踪你行为的时间而提高。当不需要它们的时候，它们通过调小或关闭自己将恒温器调制到最适宜温度。它们也能以新颖和令人激动的方式使你跟踪记录你家里使用能源的情况。如果你每周三都在俱乐部活动，你的量化住宅会了解这一习惯并针对性调控温度。但他们不是人工智能，如果你取消那个活动，你仍然需要做一个调节，然而蜂窝恒温及其他一些住宅自动化科技的连接性能现在可以轻松地被远程控制。

你所要做的就是拿出你的智能手机，通过应用软件 APP 告诉你的系统，你正在回家的路上。它将会为你准备好一个舒适的家迎接你的到来。

在乐豪斯，我们使用 Netatmo 系统装置收集我们楼里的数据。Netatmo 是"网络大气"（network+atmosphere）的缩写，它帮助我们跟踪每层楼的温度、湿度、噪音水平、二氧化碳浓度、室外温度和室外空气质量的指标。所有这些信息在网页或手机应用软件上可以很快地随时随地被看到。

我们利用这个信息决定什么时候开启或关闭空调，或是否取而代之使用节能电风扇。如果温度较热但不潮湿，我们会用电风扇，仅需小部分电量就能极大地增加室内舒适度。如果很潮湿，我们也许要用到空调，因为它能帮助干燥空气。我们使用二氧化碳监测来决定什么时候开关窗户，用空调对流空气或开启电风扇以便空气流动。

系统同时也能帮助我们分析我们多种节能的行动方案，如装置一个隔热天花板和窗户。装完这些后，我们发现温度高低的显著不同。过去，在夏天室内温度要比外面热得多，冬天则冷得多。温度测量和监控的结合，在节能的额外改善方面，给了我们需要的数据和动力。

对于灯光，我们使用的是无线射频识别系统（RFID）开关来调控楼内任意一处的灯光，只要手指轻松一按就行。虽然没有与应用软件或数据库相连，这些装置能基于人们在楼内的活动范围使我们最大效率地控制灯光。中央系统不需要牺牲个人偏好，每个灯的额外开关在它所位于的房间内都能找到，从而让使用者独立控制灯光。总的来说系统十分方便节能。

我们正在考虑使用的另一个灯光解决方案是飞利浦色调照明系统。基于 Wi-Fi 驱动的 LED 灯泡，可以改变颜色，这个系统也能使用户自定义楼内光线的时间和性质。明亮的白光适合你工作学习；柔和的黄光适合你的放松时刻。不同颜色和不同效果的光能为你的派对活动增添不少色彩。如同 Nest，它可以通过智能手机的应用软件调控。

我们装置在屋顶上的太阳能电板系统也通过 Wi-Fi 与网络相连，因为我们想在线看到它在不同天气下的工作情况。我们可以在变频器上看到读数——连接电板与电网的装置将电力转换成我们可以在楼内使用的形式——这会有些不方便。当数据收集难度变大并这些数据又不被需要时，人们就不想收集并按数据行事了。通过 Trannergy 电脑网路逆变器，我们可以获取整个系统使用寿命的统计数据，并还可以得到每五分钟能量生成的实时更新。由于它给一个网站报告实时更新，我们就能随时轻松监测系统是否运作优良。如果出于某个原因系统在白天掉线了，我们会立刻看到能量产生趋于零，因此我们就要检查是什么问题导致的。没有那样的及时反馈，我们可能要过几天或几周才能发现系统问题。这就是拥有一个量化住宅环境的另一个好处。

使用这样的 Wi-Fi 启动设备能够使你自动跟踪并计算一些其他的事情。

对于我们的太阳能系统，打个比方，我们可以看到相同数量的树需要被种植以产生出相等的、我们需要阻止释放到空气中的二氧化碳量。我们也能看到相比我们自己购买电网的电，我们正在节约多少钱。它每天、每月、每年，自始至终跟踪数据。数据对我们开放，那么我们也确保它对公众开放，因此任何人都能看到我们系统的运作效果。

你也可以看到这个区域内别的系统，并比较它们的统计数据和信息。这对经营者增加规模和提高效率是一个动力因素。我们一开始装置的是一个小型系统作为演示说明太阳能的潜力。当我们发现它效用如此之大后，并比较了我们这个系统与此区域内别的较大型系统所产生的电量时，我们受到了数据的鼓舞从而推动我们创建一个更大更有影响力的系统。

通过建造你自己的量化建筑，你可以看到很多益处：包括节约时间和金钱。不仅如此，你将会得到你这个建筑的记录和它的使用者在创造一个更好的城市环境方面对每个人所产生的影响。我们希望今后大家都能住在一个"乐豪斯"里——一个健康和城市可持续的建筑。

五件你今天就可以用数据做的事

1. 为了更好地制定和达成目标，追踪你的个人生活指标。例如：计步器、定期体检和理财预算。

2. 使用家庭监控设备，如：智能恒温装置和空气质量跟踪器，以优化你生活和工作的环境，让它们变得更好。

3. 找到最快捷和最节能的上班路线。

4. 分析你花在不同事件上的时间，来看看你的生活有多平衡。

5. 记录你在哪些地方有开销；为了达成自己的目标正在节约多少钱等等。

7
3D 打印
重塑可持续的未来

　　至今，想必许多人都已经听到过 3D 打印，但也许还不太确定它是什么——就更别提为什么它对一个可持续性城市的未来有着怎样的重要性。

　　事实上，基本的 3D 打印理念已存在了数十年。直到近期，它才作为一种高端昂贵的生产工序，只被大公司用来做样板或非常复杂的生产制造。多样化的 3D 打印技术和所用的材料比大部分人想象的还要多。3D 打印包含了从激光切割、电脑控制的木材及泡沫的形成，到人工骨头和牙齿的制作，到塑料、陶瓷和树脂的层层添加制造。数不胜数。在上海，用 3D 打印技术能打印出大楼，嗯，大楼，世界上第一台用水泥打印的大楼。

目前，最常见的打印材料是五颜六色的硬塑料，但已经有可以打印金属、木头、陶瓷这些材料的打印机了。除此之外，更多的材料也在被发明制造当中。烘焙师可以用 3D 打印技术为他们现有的作品锦上添花，例如：用巧克力打印机来制作无法靠手工做出来的精巧美味。加上 3D 扫描仪（目前也供消费者购买），烘焙师或许可以制作出新郎新娘的模样打印出栩栩如生的小人来装点婚礼蛋糕。打印的巧克力质地也许会刺激出新的口感。不久后，一顿富含蛋白质、脂肪、碳水化合物、调料和颜色的饭菜就可以被 3D 打印出来送上餐桌了。

3D 打印机，它们所使用的材料以及相关服务都带来了多种新的商机。如之前所描述的，新经济意味着人们将面对老式工作濒临消失所带来的挑战，但每一个新技术的诞生也意味着新机遇的来临。

你有可能变成某种 3D 物体设计师。目前跟它对等的可能是一个手工制作珠宝和饰品的人，或从别的设计师那里拿货再零卖的人。新的工作将会是利用 3D 软件设计珠宝，在金属打印机（可能你自己有设备或没有——没有的话你就可以去按需打印的打印店）上打印。然后再手工将作品完工，或者你想把你的设计作为纯电子商品来卖，让别人买下并按他们的偏好来使用。你可以利用你的技能为顾客量身定做一个现有的设计款式。你还可能为他们复制出一个传家宝。

用来做 3D 基本设计的软件是免费的。学习使用 3D 模型软件的过程虽有些曲折，但也不是无法逾越的难度，对大多数人来说用几个小时练习打印一些基本物品还是能办到的。大部分人从设计一枚纽扣开始，或者用 3D 术语的话来说，是一个有两个圆柱形孔的扁平圆柱体。你也可以简简单单下载一个设计并很快打印出一个现有的纽扣文档。

我的 3D 打印处女作是一个小埃菲尔铁塔复制品。我很快就投入到了
制作乐豪斯这栋楼的实体模型上去了。

有趣的是我最先打印的模型挑的都是一些结构体，因为在 2013
年年初时，我的一个关于特色咖啡店的想法是开中国第一家 3D 打印
咖啡吧，所有里面用的餐具、杯子、咖啡壶甚至是家具都可以用我们
自己的 3D 打印设备制作出来。当时，能够打印陶瓷的 3D 打印机仍
在研发阶段，能打印家具的打印机也价格不菲。于是我们决定做一个
让步，通过一系列的讲座来探索 3D 打印技术的未来，我们吸引到了
一位成员加入乐豪斯社区，她自己对 3D 打印十分有热情。她开课教
人们怎么用手持笔一样的设备画出 3D 物体从而制作出模型。

也许最令人振奋的 3D 打印技术领域就是它对人类健康和寿命的
影响了：3D 打印机已经能够打印出钛制成的人工骨头和陶瓷牙齿。
活体组织是下一个新领域。从最基本的建筑砌块到人类细胞，3D 打
印机都能够通过一种类似喷墨打印的过程来喷洒细胞。同时用一种粘
合剂将它们黏牢固，细胞随后孵化。但愿有一天，会成为功能性组织
并最终变成器官，如肝脏或肾脏。这不像有些人想的那么遥不可及，
通过一台机器喷洒从病人自己皮肤里培养出来的干细胞就能治疗烧伤
者的技术还在发展。结果显示，这种技术与现有的皮肤嫁接，也就是
把身体一部分的皮肤移植到另一部分的过程相比，能大大减少康复的
时间和疤痕。

接下来的活体组织是我们身体里更复杂的器官，如肝脏和肾脏。
对中国来说，这项技术来的再快也不为过。中国大约有 150 万人等着
要肾脏，每年却只有大约 1 万人能得到。黑市上有大约额外的 1 万个
肾脏。说中国是 3D 医用打印研究的领先支持者是恰当的。在接下来
的几十年中，更多的创新有待来自中国的医生和科学家。他们面临的

一个最大问题就是应对器官的非法交易，因此也是最大的机遇之一。

关于技术和材料方面的细节问题就不在此过多描述了。在乐豪斯，我们相信 3D 打印机是可持续的生产制作工具。它们对于智能城市的总体建造是至关重要的一部分，因为它们能使生产制作民主化，让每个人都能简单地制造出新物品并价格也合理。

想象一下不远的将来：你的家人在周末正要好好享用一顿家常饭菜，这时候一个意外客人突然登门拜访。你邀请客人加入你们，但又没有足够的勺子碗或其他家用物品。用你的 3D 金属打印机，在网上搜索"勺子"就能在几秒钟内打印出你想要的东西。吃完，勺子可以洗干净后再次使用。

目前爱好者所使用的 3D 打印机比较小，其材料是一种细丝，在这种情况下是塑料。它会融化以制造出打印的物体——绕在小型紧凑的线轴上，远距离运输打印机和塑料丝，比如说运到最远的西藏或黑龙江省，让人们按照需要打印自己的物品。人们再也不必因为住在偏远地方就会缺少些什么物资。任何一个只要去过农村，辛苦地去找过一家便利店的人就能知道问题所在了。在一个穷乡僻壤的地方找到你需要的东西不是不可能，但至少如果你是立马需要的话这确实会有难度。本土 3D 打印会提高中国和世界其他地方更多人的生活质量，只要他们有网络和电。

然而，你无需生活在偏远地方才能体会到 3D 打印的好处。基本上在社会的各个层面对每个人来说都有好处。

接下来的一部分，我们就来看看通过 3D 打印而创造并展示出来的商业模型。

20 世纪 90 年代后期，当我还在互联网和电子商务早期发展阶段工作的时候，所有企业对企业电子商务的营销炒作甚至是企业对消费者的电子商务，其关键词就一个：非中介化。这个词意味着把某样东西去掉，可以是一个过程中的某个中间步骤。我们来通过一个简单的案例分析，看看非中介化的效果。

20 世纪 90 年代，通过典型的各种渠道，传统的书从写到最后卖给消费者的供应链是这样的：

作家—出版社—印刷厂—仓库—经销商—书店—消费者

当然，对于图书馆或非书店零售商来说，过去和现在的供应链仍然比那个还要复杂。但当杰夫·贝索斯出现了并成立了亚马逊后，供应链的影响是巨大的。亚马逊首先去掉了零售商。换句话说，零售书店变得没有很大必要，因为消费者可以直接在线从亚马逊上订购书籍并将它们快递到家。随着亚马逊的成长，它开始销售越来越大量的书，就连最大的零售书店商 Barnes & Noble 和 Borders 最终都关闭了将近所有的实体书店。

2000 年初期，亚马逊渐渐扩大其产品线，投资了自己的仓库，与此同时，将它们变得更有效和半自动化。这进一步去掉了传统书籍仓库和经销商。

在过去短短的五年里，按需打印和电子书的增加意味着亚马逊（和其他网站）再也不需要和传统出版社打交道了，甚至不需要印刷机如果作者决定只卖电子书的话。利用亚马逊的市场，电子书可以直接去到消费者那里。如今，上面的供应链仍旧存在，但已经简化多了，许多小一点的中间商已被合并或被新型的商业竞争板块挤出去了。对于用亚马逊制作或购买电子书的人来说，最高效的供应链是这样的：

作家—亚马逊市场—消费者

但创造这个市场的同时，亚马逊也为作者们展望了一下未来，那就是写好书直接将它卖给读者，甚至越过亚马逊自己。这些"作者对读者"的交易是能够存在的只要有一种被双方都接受的付款方式和运送渠道。这些就是促成者，并非实际供应链的实体部分，这些促成者也不是直接拴在一个装置或产品上的。它们能使任何人在任何时间地点买卖任何电子产品。

书籍、音乐和电影尤其适合打破这种传统供应链。因为它们完完全全可以以电子产品的形式存在。有文字、图片和图表的书可以被制成 PDF 文档，音乐 CD 可以 MP3 形式购买，DVD 电影可以通过 MP4 格式在网上观看。一开始，这个想法可能比它本身看上去更意义深远，因为它很快就会在我们这个需要大量产品和服务的社会中普及开来，不单单是在媒体上。

下一个非中介化规模会更加之大，它目前正在发生：实体物品曾经没有电子对等物。现在，包括家用物品、衣服甚至是食物都可被 3D 打印的文档呈现出来，可以随时随地在线发给任何人，然后任何人都能用 3D 打印机打出来。

3D 打印和生产供应链

如今，一个假设的实体产品的供应链看上去和过去书籍的供应链相似：

设计者—制造商—仓库—经销商—零售商—消费者

在这当中任何实体产品都必须被建立、组装、运输和储存。这个过程要付出巨大的精力和体力，虽然并不总是明显的。举个例子，一件衣服也许是由孟加拉的棉花制作而成，在印度纺织并染色，在中国裁剪、缝纫并打包，最后就为了几美元利润被销往欧洲。这个过程中的许多次，都要被集装箱穿洋过海地来回运输。最终也许还会被运送到起点附近的地方被回收加工成廉价床垫的填充物。所有这些农场到商店的努力结果就是巨大的碳排放。不仅如此，在纺织过程中还消耗了大量的水。

复杂的设备如笔记本电脑或智能手机有更复杂的生命周期。在由全世界为苹果工作的电脑工程师开发的软件安装之前，在包装好后由陆海空运往全球市场之前，它也许包含来自美国英特尔的处理器芯片、日本东芝的硬盘驱动、韩国三星的屏幕和其他在中国富士康组装的零部件。

一个小消费品的化石燃料排放，会因为其所有的运输或者制作它所需要的大量材料而变得非常之大，更别提一开始花在其身上的设计和制作过程中所需要的时间和精力。对于一个复杂的电子产品来说，通常要计算耗费在它身上的数百万人工小时，包括：设计、编程、样板制作以及无数次工作人员为了它而周转与各种小组会议的成本。

3D 打印将怎样改变世界

未来会是什么样的呢？首先，爱好者和早期的最先尝试者会购买少量打印机，使用也会相对具有针对性。如自由职业的设计师会在自己的工作室打印出模型。下一步就是 3D 打印机会变得更加具有功能性并更加快捷。如今，打印出一个简单的杯子都要花一个多小时。但即使速度的加快，让许多家庭打印一些基本的居家用品，3D 打印机还是不会那么快代替当地的沃尔玛，也不会让大型生产制造商没有生意做。就如同家用喷墨和激光打印机也没有抵消专业打印机的市场功能而导致它们消失一样。会有家用版 3D 打印机的出现，同时也会有更昂贵、更专业、更快的 3D 打印机出现，可用来打印大得多的物品，并能提供更多的材质或颜色等等。

一个可能的未来也许是零售服装店成为你去看最新款样品服装的地方，在你的体型被扫描之前试穿（或用电脑模拟来投射出你穿上它们的样子），这样可以让店主立刻在几分钟之内打印出一个接近完美的符合体型的衣服。在几十年内，3D 打印机会出现在各个地方，每个商店都可以打印鞋子、衣服和其他量身定做的物品。这些打印机与其他新式打印机一起，例如在今天已经被使用的快速印刷机（Espresso Book Machine），这种印书机能打印页面并装订成书，配有吸引人的彩色打印封面，为消费者创造出接近即时运送的服务。

甚至在我们几乎每家每户都拥有 3D 打印机前（我相信这很快就会实现），如今我们已经可以看到为了迈向这一目标所跨出的许多第一步。不少购买已经都转到网上卖家那里而不是实体店。很多年轻点的消费者从来都没有踏进过实体店，而是依赖于网上购物，因为它越发精良，有视频、买家评论和在线客服。唯一的例外也许是在网上找到一个相似或一样的替代品之前，先去商店试穿一下，或者是在逛商场的时候被激发出了购买的欲望。对这一趋势的助长，中国很快就会超过世界最大的消费国——美国而成为世界最大的电子商务市场。然而，电子商务购买紧跟着实物运送的这个时代本身会很短暂。一旦人们基本上可以获得免费的可下载文档，3D 打印机又在附近可供方便使用，那么人们就会偏向选择几乎是即时送达，只花一点材料成本的物品而不是等待运送还要支付更高价格的物品。

对各种产品品牌的影响看上去就不是很妙了。非常明显的是，如果产品假冒的影响在今天看起来很糟糕，想象一下几乎每个设计只要通过手指轻轻地按一下按钮，就都能被下载和打印出来，那将会是怎样一种场面。从耐克鞋到 LV 包，品牌时代肯定是在风雨中飘摇，它在寻求途径从而可以领先于用廉价3D扫描仪进行大批数字化的时代，数字化时代离消费者最近，而不是遥远偏僻的工厂。不管是衬衫还是鞋子，这些物品已被买家定制，并下达了自定义的颜色、款式和定制的指令，另外还有 100% 退货保证。目前，这些物品在工厂里制作，但不久后"工厂"会越来越近，通过当地的打印店甚至是你自己家有 3D 打印机的客厅就能被制作了。

由于 3D 打印物品仓库的存在，你可以选择任何物品并用多种材料来打印出一个复制品。不管是一个 iPhone 手机壳、戒指、玻璃杯或是一个坏了的又不怎么好配的零件，你都可以免费在网上找到几乎所有的东西。如果你要某个更优质或更个性化的东西，你也会看到无数特别设计的物品，只需一点费用就能下载。或者，在接受了关于 3D 打印的一点培训后，你可以很快先下载一个模板，然后根据自己的需要做出一些调整来创造出属于你自己的 3D 物体。

目前这些 3D 打印物品通常只是用来装饰，或者说是不具备功能性的模型，没有电或复杂材料的组合也没有多种色彩。但 3D 打印机日趋完善，更新的模型使得更多的材质和颜色能够被打印和组合。

3D 打印的一个常见技术就是叠加层，这甚至让是构建复杂的内部结构都变得可能。这种构建在之前极其复杂，或者如果不通过把物体拆分成一些不同的碎片然后再拼接起来，是根本不可能建造的。打印一个复杂物体跟打印一个简单的、大小相同的物体所花精力是差不多一样的。数据文档可能会大一点，但对于打印机来说工作量本质上都是一样的。一台 3D 机甚至可以在同一时间打印多个物体，虽然拉低了它们的打印速度。

3D 打印的 3 个 R

与其更多地谈论诸多会被精良 3D 打印机所影响的供应链，我更想侧重来谈一谈使用 3D 打印机总体上会对社会带来哪些好处。

当谈论到 3D 打印，"减少"也许意味着减少准备生产一件物品所需的时间和劳动力。"减少"有"减少浪费"的意思，指在设计和生产制造过程中节省大量材料。"减少"也有减少成本的意思，指通过改变供应链结构，从而实现节约的目的。我们一一来看。

3D 打印靠的是可以在屏幕上虚拟设计产品的软件，然后打印一个单独的物体来测试这个设计。这个过程有时被称作快速成型。原型制作在过去价格不菲，因为制作一个原型或许要求首先在纸上按详细规格设计出某样东西，或使用昂贵的设计软件，再然后用专业的建模工具手工制造或者从木头 / 泡沫塑料中刻出来，由此来看最终哪一个能通过塑料或金属制作出来。这些建模工具非常贵且要求高技能工人来操作。非中介化的需求也是几十年前首先激励发展 3D 打印技术的原因。那个时候，技术获得了专利权，此后就专门由一部分能够支付得起这么高价格的建模设备的人所使用。

如今，很多情况都变了。设计软件现在便宜一些，有的甚至是免费的。通过开源软件的方式，任何人都可以在特定条件下使用。先前的专利 3D 打印硬件技术如今也已过了专利保护期，这意味着任何人都可以复制原技术专利。所用的材料也不再仅限于木头或泡沫塑料，原型几乎可以被任何材料制成，从塑料到金属，几乎跟通过手工制作出来的速度一样或许还要更快些。在原型制作流程上减少了所需的时间、技工和供应商的数量，并提高了生产率，降低了开支。现在通过多原型来设计某样东西并制作，速度更快且价格更便宜。

3D 打印也节省了材料。通过使用 3D 打印技术来生产，你可以比用其他方式生产明显地节省更多原材料。

首先，如 3D 打印所被了解的那样，它是一种叠加制造。一件物品通过一层一层地叠加建造最终形成完整的产品，有时候是已经组装好的产品。用传统生产方式，你也许首先要一个大块或一个杆子或一片材料，然后切掉一些碎片，直到你想要的产品最终成型，这叫做减法生产。被减下来的材料同时被浪费了，也许可以回收再利用也许不能。另一种生产方式，喷射模塑法，首先需要创建一个模型，然后从模型中形成模子，从而使产品在注塑硫化机中被建造。注塑硫化机很庞大且贵。为了让生产更实际，通常每次几十个甚至几百个相同的物品会在模子里被模塑。这个过程也许通常被外包，从而这又增加了商业过程的复杂性。不论是内部生产或外包，模子都要被注入塑料或其他材料，最终不要的部分被取走，并再次切割掉多余的部分，这样产品才大功告成。

当不考虑生产中用在建模上的时间时，喷射模塑法有速度方面的优势。一般来说，如果模子造得好的话，它比减法生产的浪费要少，但生产出来的物件可能仍需要组装。

虽然在大批量生产时，喷射模塑法是快速有效的方法，而 3D 打印比起减法生产有减少浪费的优势，比起喷射模塑法又有减少制作单件物品所花时间和成本的优势。节约还远远不止这些。通常一个物品需要被包装、运输、仓储然后被销售，3D 打印还节省了供应链中的步骤。

我认为 3D 打印是一种可持续的制造工艺，特别是因为它去掉了很多供应链中低附加值且浪费的一些步骤。

举例来说，使用 3D 打印你所要做的就是通过互联网传送一个电子文档以便打出你需要的物品。这样做，你就很可能取消了十几个或更多过去供应链中的步骤。再也不需要运输了，除了塑料丝的运输；也不需要仓库来储存物品了；零售商店也不需要展示物品了；也不需要光顾商场去购买了。

即将到来的 3D 打印和数字化时代最令人激动的可能性之一，就是我们也能回收自己的物品并几乎是即时性地可以再重新利用它们。如今，3D 打印材料，如被用来制成物体的塑料丝线轴，按每克计算依旧相对昂贵。做一个小物体，如果通过注塑机这种大批量生产，成本可能只有几分钱，但你自己做却要花费大约 1 美元。然而，这种情况会改变，一旦那些材料变得可循环使用。

想象一下你需要给你的通信设备配一个新的外壳。你搜到你喜欢的样式，下载电子 3D 图，根据需要把它打印出来。3 天后，它坏了，或者你就是不喜欢这个颜色了。把它扔进粉碎材料机里或当地的回收站，反过来拿到一个新的塑料丝或积分，你就可以打印一个新的外壳了。

回收特定的材料，如塑料并通过一台名叫 Recyclebot 的设备打印出新的塑料丝已经成为可能。一个开源项目已经出现，多种商业化的尝试也发生了。这表明假设一个人有足够多的塑料可以回收，从回收物料中生产自己塑料丝的成本，是从新材料中生产塑料丝成本的一小部分。回收技术仍然需要更多的时间，才能变得更加成熟，但我预测，在十年内，几乎每个人在他们家里，都会拥有一个 3D 打印机和再循环器，允许几乎零成本的回收和制造，所要花费的仅仅是你的一些时间和机器运作所需要的电力。

那我的 3D 打印机在哪儿？

为什么这个前程似锦的彩色塑料小摆设现在不在跟前呢？目前，要让每个人都有自己的 3D 打印机，其最大的障碍是打印机本身的价格仍然比较贵。第二个因素是材料的价格，我们在前面解释过了，直到回收的程序变得更容易后，材料的价格还是会很高。第三个因素仅仅是因为对 3D 打印机的夸大其词（包括我在内对它满怀热忱），在某种程度上超过了它现在能打印的范围。

已经提到过，购买一台 3D 打印机的价格正逐步降低，如今许多最重要的专利还是在公共领域。中国最便宜的型号可以打印出与全球最流行的、Stratasys 旗下的 3D 打印品牌——MakerBot 不相上下的分层厚度和分辨率，价格却只需 3000 到 5000 人民币，比美国 Stratasys 制造的 3D 打印机的一半还要再低一点。

3D 打印机被更广泛采用的另一障碍是它们的单件产品打印和生产速度的成本问题。

喷射模塑法，因其购买设备和塑形成本的昂贵，每件的资本成本一开始非常之高，直到你生产出了几千或上万的物品时，每件物品的边际成本会降低到微不足道。这让外包成为受欢迎的策略。通过租用别人昂贵的注塑硫化机，你可以生产接近最低边际成本的产品。同时，你降低了总体财务风险，因为你自己没有买机器。这就是大批生产击败 3D 打印的原因，因为靠 3D 打印就太慢了。大批生产是强大的商业模式，这就是为什么当今世界上卖的东西都是通过这种方式生产出来的。

比起大规模注塑硫化机，3D 打印机的资本成本，从另一方面来看，一开始就相对较低，但每件的边际成本总是和第一件一模一样，所以你马上就以尽可能最低的成本在制造了。换句话说，这就不存在规模经济。这也意味着随着时间的推移，在吸取经验的过程中没有节约成本、材料或时间。用这种方式，如果你打算生产大量相似的物品，3D 是还蛮贵。但是如果你打算只生产几个产品，或者不断生产单件一次性产品，如果物品是量身定做的，那么 3D 打印就变得更经济节约了。

当塑料丝价格降低时，尽管设计和模型成本应该被计算在内，但小批量特殊物品的 3D 打印会更加便宜。

存放 3D 打印机的空间很小，大约跟一个微波炉大小相当。然而这样的打印机基本上只限于打印比自己要小的物件，除非多路打印将零部件打好，然后通过手工组装成更大的物体。传统的生产方法优越于今天的 3D 打印机，体现在它能够生产非常大的物件，这是 3D 打印机所不能的。大一点的 3D 打印机可以制作大一点的东西，但还是受限于它的打印附件的大小。

大小不一定是个障碍，因为早期的发明者还在建造更大的框架以便打印较大的物体。中国有领先的世界上第一台演示房屋打印机，能够在 24 小时内建造出一个带门框和窗洞，也有内墙外墙的单元楼。加上地板、天花板、门、窗、电线和水管，你就能在几天内拥有一个住宅了，而不是过去通过传统建造方法要用好几个星期甚至几个月来做到这些。在几年内，打印机能同时打出水泥和其他材料，这将会掀起一场建筑行业内革命性的变化，与此同时还能大大降低房价。

当然，技术是某种意义上的潘多拉魔盒。随着 3D 打印器官、建筑和其他消费品的出现，我们也可以打印出枪支。技术是把双刃剑，既有利又有弊。然而，另一件很清楚的事情就是我们逐步城市化的世界需要更多的新解决方案，为的是让我们在城市中生活得更好。

解决方案的一部分是要懂得我们是怎样生活的，利用一些概念，比如：量化建筑，对你的住宅、办公室和待在里面的人进行数据收集。

解决方案的另一部分来自采用对环境破坏少并且能使城市生活变得更有效和便捷的新技术。3D 打印就是这种解决方案之一。其他在本书中讨论到的技术和想法也是如此。从可持续的材料，更好的隔热系统，清洁能源到本地产的食物，它们各自在营造一个更好的城市生活中都扮演了自己不可或缺的角色。

五件目前能用 3D 打印做的事

1. 在 Shapeways 上买一件产品，并让它用专业 3D 打印机为你制作而成。打印机有不同大小型号、颜色和材质的可供选择。

2. 加入当地的创客空间或创客工厂学习并试验 3D 打印。

3. 购买一台如 MakerBot 这样的 3D 打印机，开始打印家庭用品（你也许首先想参加一个课程，使用比较流行的例如 SketchUp 这样的 3D 绘图软件）。

4. 在小型 3D 打印商店扫描你的头部或身体其他部分。为你的婚礼蛋糕制作一个逼真的新郎新娘。尝试捕捉你孩子的三维面貌来记录他们的成长。

5. 打印可替换、可循环利用的身体部分，组合起来可形成一个身体，接着上传你的意识、最终实现永生（当然这是开玩笑的，未来可能会实现）。

8
未来的步伐

　　拥有一个健康和城市可持续的生活方式，居住、工作在功能整体性的建筑里，从而快乐地生活，应该是我们每个人的权利。所有这些需要我们付出一定的努力。

　　我们创造了一个能源消耗量大且密集的，靠廉价石油和其他化石燃料推动的全球社会。尽管化石燃料仍然充足，并且在接下来的几年中还会降价，可是这存在一个隐性成本。继续过着靠化石燃料供给来生活的代价和惩罚就是气候变化和污染。海平面上升，健康状况恶化和最终一旦商品耗尽而造成能源价格提高。石油还有几十年可能就会用完，煤炭估计还能撑几百年，但如果我们继续毫无节制地使用化石燃料，它们必然会越来越稀少，最终会被全部用尽。我们中的很多人在有生之年可能不会经历这些，但是这些影响已经发生了，并且我们都能感受到。

当我写这个总结时，我望着窗外上海的雾霾，看到 AQI 应用软件的空气质量更新，空气质量指数显示"重度污染"。人们渐渐搬离了物资价格便宜，服务高效的大都市去往那些空气因为人口和工厂都比较少而显得更清新的地区生活。然而，由于他们仍需要开车，也需要为他们的郊区生活方式提供能源，其碳排放量也许会更大。我们不能指责他们要把他们孩子或自己的健康凌驾于他人之上，但我们不能都搬出城市。

让呆在城里的人过上一种健康和城市可持续的生活，是我们责无旁贷的事情。

如果你读完本书后能做一件事，那么这件事就是挑一个你能在家或办公室改变的事情，这件事不用很费力却能对我们的城市有一个持久性回报，让它变得更加美好。比方说，把你所有传统的白炽灯换成最节能的 LED 灯泡。你一开始会花些钱，但两年之内你就会获得经济上的回报。还能节约电能，因此通过减少有可能来自燃煤产生的污染既有利于你自己也有利于社会。

如果你所在地的发电站提供的是非污染的水力发电呢？那太棒了，但还是请换 LED 灯吧，你所节约的能源可以被卖到其他地区，

在我们 LED 灯泡置换的活动中，一位邻居伯伯很吃惊：那么小的瓦数竟然那么亮！回去后，他把家里的灯泡都换了

从而减少它们对污染性能源的依赖。在生产制造方面，购买 LED 灯泡可以帮助提高产量，这样就会降低它的价格并促使更多人去买 LED 灯泡。

这种改变是有力的，因为它是带有长远益处的一次性装置，可以用到十年或更长时间；卖掉你的车，改为步行、骑车或拼车，是另一种改变。前两种情况，你将会缩减你的燃料使用，后面一种情况你能缩减原料的浪费。电动车和它们的好处已经在前面详细阐述了，但这个选择要被广泛接受，还需要一段时间。不过这个情况正在发生，所以如果你可以开电动车就开吧。

其他形式的改变依靠采取新的行为方式和习惯

吃得健康是一个挑战，但挑选能让你变得更健康的食物以及从当地农场和供应商那里买食物，既能帮助你，也能帮助你的社区。锻炼对有些人来说很有意思，但对有些人来说却非常痛苦，然而远离慢性疾病会带领你达到更高质量的生活并降低社会医疗服务成本。

健康和城市可持续的生活方式采用的是每个人都能运用到他们生活中去的简单原理，从而使自己的生活变得更美好并能积极影响其他人的生活。

你不用奉行所有的这些原则，哪怕是五个也不用。开始着手于一个就可以了。

乐豪斯的"一个承诺"

我制定了一系列个人计划来帮助自己调整行为和习惯。我把它们叫做"一个承诺"。这么叫是要提醒我在一天一小时、一周一天、一月一星期如此类推，选择性地做或不做某些事。你可以根据什么对你来说是重要的来起草你的"一个承诺"。这是我建立乐豪斯不久后我履行一承诺的一个例子。我意识到我花在网上和社交媒体上的时间非常之多；使用电子设备也大大增加了我的碳排放量；另外还总体降低了我和人与人之间的互动和生活质量。我把它称作"断网一承诺。

　　这个承诺中的断网有一箭双雕的作用：它既能对你的个人生活产生积极利益，让你更有意识更好地享受当下，减少注意力分散；同时又能降低你对能源的使用。你也许可以制定一个类似的"健康一承诺"，更着重于健康生活和饮食。这取决于你的目标是什么。对我来说，在减少花在社交媒体、网络、手机和其他电子设备的时间方面，这是颇具成效的例子。

一天一小时

　　至于"一天一小时"，我会关掉手机、不看电子邮件、远离所有媒体，包括电视、音乐和电影甚至阅读。这个一小时的目的是将注意力完全集中在别的事情上。"别的事情"因人而异。对于某些人来说，可能是与孩子和家人的相处。对于我来说，这是我呆在健身房或在别的地方锻炼的时间。可能是一小时的游泳或是一节瑜伽课。对我来说，当我做重力训练时，我可以全神贯注于我所做的事情，所有想法都会从脑海中蒸发。

　　或者你可以在晚餐时关掉你的电子设备，更好地与同伴品尝这美味营养的一餐。另一件是我额外做的"一天一小时，断网一承诺"的事情：关掉手机以及上床前绝不看电子邮件，为的是防止它们干扰我睡眠。可能我正好没接到几个深夜来自内蒙古的市场营销电话，但我获得了片刻的宁静。起床后的至少30分钟内我不看手机，因为我想让一天的开始更专心和放松，而不是立刻就躁动不安。

一星期一天

对于"一星期一天"，我会一整天关掉我所有的通信设备。对于很多人来说这是最最困难的，因为我们绝大多数人已经习惯于至少一天查看一次或多次邮件，甚至在周末和节假日也如此。

挑选周末的一天对大多数人来说是最容易的，这也是我的选择。一些新经济型的工作有常规（正常）的工作小时和天数，但对于完全适应新经济下灵活工作的人来说，某一天相对于任何别的一天几乎毫无差别。他们被要求做某份兼职或有项目截止日期的工作，这些都决定了他们什么时候工作。对于他们来说，武断地将周末和工作日划清界限属于上个时代。在新经济形势下，只有工作日和非工作日之分。对于跟全球范围内一起工作的人来说，节假日也许都无关紧要。过去，要让我在圣诞节工作几乎不可能，因为这与我从小在加拿大长大的经历有关。但我在日本和中国总共生活了 15 年后，发现圣诞节只是平凡的另一天而已，我就改变了我的习惯。挑一个符合别人时间安排的一天或许意味着调整自己的日程以迎合他们的日程。举个例子来说，把你的"不插电"日留到周六或周日，可是在当今社会仍然有不少人在周末工作，这个做法就没有什么实际差别了。所以说，挑一个最适合你的日子。

我有一个朋友叫 Philip McMaster（外号"加拿大人大龙"）创造了一个他称为"三手指星期三"的倡议。把手中间的三个指头竖起来，你就会看到一个"W"，这就是为什么他为这个特别的活动挑星期三这天的原因。这个手势也会被联想成是"和平＋壹"的符号，这是他的世界可持续项目所用到的手势，代表世界和平的想法。三根手指分别代表微笑、改变、不插电。改变涉及一系列事情：改变你的习惯，改变你的能源使用方式，最终改变世界。他每周三都实践这项倡议并鼓励其他人也这么做。

是否是星期三或你挑的任意一天都不是重点，用这个时间去做一件有价值的事情才是重点。不仅仅只是盯着电视看或使用网络（总之拔掉所有媒体设备的电源后就都不可能了），你可以用这段时间运动、学习、放松、见对你重要的人。

一年一星期

至于"一年一星期"，我会花时间在学习一项新技能上，学习的同时也相当于放松，给工作放个小假。

可以用多种多样的方式来对待这段漫长的时间。"一年一星期"可以是一个假期，但对于我来说理想的是在这周既不工作也不度假。这是让新的可能进入我生活的时候。我报一个课程或去新的地方，又或是专心做一件我通常不会去做的事。

让我借用管理咨询行业的一个例子。管理咨询在全球按照需要24×7随时待命，提供智囊服务。有种说法是关于麦肯锡公司的：这个全世界首屈一指的咨询公司没有日落。当顾问们没有客户项目可做时，他们就是"在沙滩休息"的状态。这意味着他们处于专注工作与非专注工作之间。客户不需要他们时，智囊团就可以休息了。

当然这段时间是不会被浪费的。它应该花在培训和职业发展、新业务开拓或许还有行政事务上，例如填写所有重要的实时计费文档。关键点是这小段时间不是用来放在常规的研究、分析和展示介绍上，而是用于不那么密集紧凑的事情上。这些时间可被用来学习新技能和新知识。

　　像比尔·盖茨这种成功的商人就这么做了。当他仍活跃在致力于微软的事业当中时，他就开始这样做了。他繁忙的日程表不允许他有时间专注在较长的文件和不紧急的阅读上。所以他开始收集这些文件然后每年两次从常规的工作中抽身而出去阅读它们。他会在一周结束后总结心得并与整个微软团队分享。一些微软主要战略上的转变就是他在这些休息空档期中所酝酿出来的结果。然而他所谓的"思考周"并非是明确规定要过完全不插电的生活，尽管如此，这仍是他离开正常规律性工作，以便使自己集中精力去进行创造性思考的时间。

　　你选择怎样度过不插电的时间段完全取决于你，但去某个地方参加一个活动，学习新鲜的东西，做一次排毒塑形或去健康诊所，又或是读本好书，都不失为是好的主意。就是别看邮件，别玩社交媒体，最好连电话都不碰。我偏向选择一个人呆着，但带上你真正关心在乎的人也不错。我甚至喜欢去一些我连当地话都不会说的地方。这确保了你不会被其他人的讨论所干扰。我曾经去中国南部，当地讲广东话，这样我就能够专心沉浸在自己的思绪中，甚至是当我置身在拥挤的咖啡店时。

　　有些人会说我的"断网一宣言"在现代社会中很难履行。他们可能会说他们的工作需要他们随时能被联系到，客户需要任何时间、任何地点都要联系到他们。竞争如此激烈，断网就相当于反社交。你要是错过了一个很重要的事情怎么办？所有这些都是实实在在的担忧，我承认这是反社交，尤其是按照如今这个社交媒体的定义来看。你将不会"分享"任何东西，你不会给任何东西"点赞"。你的状态会显示"离线"。所有发送给你的邮件仿佛是被打入"电子冷宫"。几年前，我也许会说这太极端了，但现在当我开始了这些行为后，我发现我比从前更快乐。当然不是完美的，世上无完美之事，但生活却变得更好了。

整体建筑，全面生活

乐豪斯（LOHAUS）这一名称的一部分来自乐活（LOHAS）——健康和可持续的生活；另一部分来自包豪斯（Bauhaus）——20世纪20年代德国的建筑和设计运动。

用便于理解的方式来解释沃尔特·格罗皮乌斯在1919年写的原包豪斯宣言和方案：一个完整的建筑要考虑得面面俱到，个人及个人在整体中的那一部分。然而他主要是关注艺术、建筑、对人的实用性和可达性。在乐豪斯，我将他的概念作了一些延伸，包括健康和城市可持续的生活方式。

我们的许多建筑——商用的和居住用的——都限定在了一个单一的用途，这来源于资本主义理想化的效率性和实用性。比如，一栋办公楼在容纳员工人数方面最大化地利用了其空间。一座居民楼几乎完全只是提供给居住者相对舒适的居住环境，而不考虑他们会有8～10小时或更多的时间是在工作。一个商店或餐厅或火车站也都几乎各自仅限于卖东西、服务或运输。

这种模式的建筑构造和使用沿用了几个世纪，迄今为止也是许多本书的读者所认为的一种常态。在这种模式下，人们的生活将家庭和工作的身份断开。把这种模式推至一种极限，我们传统的建筑会被认为是我们所有独立身份之间的障碍。它们在保护我们，让我们娱乐，给我们隐私，使我们专注工作的同时也用其狭小的用途范围囚禁了我们。那就是我们建筑的固定单一化用途限制了里面的生活，因为它们就是为了这个社会而设计的，有着鲜明的工作、生活和其他除工作生活外，别的不同地方的用途区分。

　　举个例子，过去的情况是当我们离开了办公室，我们就几乎无法被工作相关的人联系到。这就有效地使得当我们踏着回家的步伐时，我们的朋友和家人居于最前的位置，偶尔我们会在第三地点，如咖啡店、剧院或商场稍作停留。渐渐地，通讯的便利、媒体和科技引领的工作和生活开始加速。它开始于 20 世纪 80 年代寻呼机的出现，然后有了手机，再然后到了 20 世纪 90 年代，邮件和黑莓双向寻呼机出现了。今天，我们中的许多人在我们多样化身份之间，建立了一种比以往更不稳定的壁垒。我们的朋友都在 Facebook 上，同事和商业联系人在 LinkedIn 上，跟朋友聊天在微信上，在 Skype 或 QQ 上谈生意。甚至这种平衡也在样的高度联结的社会里逐渐丧失。因为微信这个单一的渠道在短短的三年之内就慢慢取代了其他所有沟通方式，占据了主导地位。

　　甚至一度不那么方便需要电源插座的壁垒也逐渐消失。使用电池的电源比原来更加方便携带。为了延长电池寿命，或节约用电，我们曾在醒来或只等到了办公室的时候才开手机和电脑，离开办公室或准备睡觉时关掉它们。但现在，延长的电池寿命和小功率类似充电宝这样的设备的出现，意味着我们整天整晚都把它们开着。

　　同样的，过去网线是限制我们联网的因素。一旦我们拔掉网线，我们就离线了。这个壁垒也在飞速消失，有段时间，我们无线路由器网络信号强度才是限制因素，意思就是出了办公室或家里的无线网络覆盖区，我们就断网了直到我们回到覆盖区。这一度导致了免费无线网络成了衡量咖啡店和其他场所好坏的标准。最后整座城市都铺上了Wi-Fi。现在，4G 移动网络和国家范围内的网络让我们几乎任何地方都被无线网络所覆盖。

　　因此，当电池待机时间更长，连接变得无所不在时，我们很快进入了 24×7、与世界时刻相连的状态，再也没有断网了。

结果就是，工作跟我们形影不离。只存在一点点表面上的在我们工作和家庭生活之间的物理障碍。但就是在内心和社会之间最后这最后一步，障碍也日趋被平板电脑、智能手机、永不停歇的网络和云储存、在线购物就能送货上门以及灵活的兼职，自由职业和其他雇用形式所打破。虽不是特意这么设计，但很多空间都变得多用途化了。我们在家或办公室里在线学习，在宾馆、机场工作。再也没有绝对化单一用途的空间了。

上述所有这些就是这个世界共同经历过的变化。有些人认为这是倒退而不是进步。随时随地都保持联系，我们会害怕丢失的自由和快乐。

从个人层面来说，有两种应对变化的途径。一，我们可以拒绝改变，

我们用厨余堆肥种的辣椒长得很快，味道也相当好

依旧按照我们过去适应的传统和标准生活。二，我们可以改变自己，在维持生活质量平衡的同时更好地调节我们的生活以适应新社会的标准。采取积极而不是消极应对的态度，所有负面的含义都可以转变成积极的方面。这就是我的信仰。我将这些信仰精心归纳成了简单的宣言来描述乐豪斯的含义。

乐豪斯宣言

在乐豪斯，人们可以工作、相识、社交、创造、锻炼、吃饭、品酒；在一个地方过着他们多姿多彩的生活。而更多的，乐豪斯是健康和城市可持续生活方式的代名词。

沃尔特·格罗皮乌斯，包豪斯学校的创始人曾经感慨艺术已经脱离建筑了。到 20 世纪 20 年代，艺术和建筑被分开创造，丧失了被称为整体主义的无形益处。然而艺术当时可以被添加进去，这种一开始就缺乏全面整体思考的做法阻碍了这座建筑发挥其最大潜力。相反，建筑与艺术的融合比它们各自分开更有利更强大。非常相似的是，如今可持续的科技和习惯，如清洁能源或回收利用，已经降到它们自己孤立的位置上去了——用于生产能源的太阳能和风能农场；回收用过物品的废品回收站——视线远离它们，它们就不会在我们的脑海里出现。乐豪斯要让他们重返家园，进入到综合整体性的建筑中来。

为什么在家不能发电？为什么个人不能做到废物的循环利用，真正体现 3R 的精神：reducing（减少）、reusing（再利用）和 recycling（回收）。

在乐豪斯，我们通过科技，比如说使用 LED 灯和更好的隔热装置以减少我们的能源使用。

我们恢复并重新利用材料，给予它们新的生命。

我们将垃圾分为食物垃圾和可循环利用垃圾。食物垃圾可以用来做成化肥放在蚯蚓农场做混合肥料，随后用于种植植物从而获得内部氧气和它们（植物）提供的过滤后的清新空气，并且还可以种食物，如薄荷、芦荟和番茄。这些都能为居住者提供额外的营养。至于循环利用的垃圾，我们把废纸和别的垃圾卖给废品回收工。他们会处理并适当重复利用这些材料，或者将这些垃圾再卖给更大的废品回收站。

我们又加了第四个 R（renewal）——通过更智慧的消费来激活全新的自己，一个更健康的身体和更清醒的头脑。

我们鼓励健康的通勤，走路或骑车上下班。如果有必要，可以乘地铁或公交，走路去车站不仅健康，同样也更具持续性和清洁性。必要时，可以乘电动车或通过丙烷发动的出租车而不是以汽油为燃料的交通工具。

我们相信所有这些必须先由个人去做然后才能被社会接受并发挥其功效。这是整体生活的一部分。

在 2015 年，我们将物理空间留给了更需要它的人，并开始广泛传播乐豪斯的生活理念。书中提到的许多和我们有着相同愿景的伙伴们也在继续前行。

读者你，今天就行动起来，与我们一起共同创建健康与城市可持续发展相结合的生活方式吧！

图书在版编目（ＣＩＰ）数据

　　乐豪斯：一种健康和城市可持续的生活哲学／（加）

殷敬棠（JacksonInch）著；瞿文婷，刘家绮译．-- 上海：

上海文化出版社，2016.6

　　ISBN 978-7-5535-0557-2

　　Ⅰ．①乐… Ⅱ．①殷… ②瞿… ③刘… Ⅲ．①城市建

设 - 可持续性发展 - 研究 Ⅳ．① TU984

　　中国版本图书馆 CIP 数据核字 (2016) 第 132258 号

书　　名　乐豪斯——健康和城市可持续的生活哲学

著　　者　殷敬棠（Jason Inch）

翻　　译　刘家绮　瞿文婷

责任编辑　金　嵘　张　琦

封面设计　金　嵘　Jack Derong

整体设计　金　嵘

责任监印　陈　平　刘　学

出　　版　上海世纪出版集团　上海文化出版社

邮政编码　200020

网　　址　www.cshwh.com

发　　行　上海世纪出版股份有限公司发行中心

印　　刷　上海丽佳制版印刷有限公司

开　　本　787×1092　1/16

印　　张　13.5

版　　次　2016 年 7 月第 1 版　2016 年 7 月第 1 次印刷

国际书号　ISBN 978 － 7 － 5535 － 0557 － 2 ／ X.002

定　　价　80.00 元